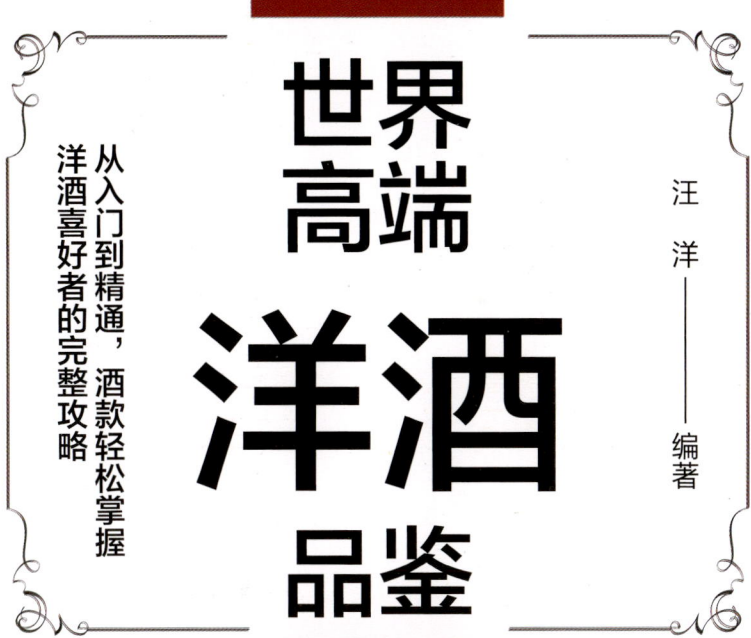

世界高端洋酒品鉴

从入门到精通，酒款轻松掌握
洋酒喜好者的完整攻略

汪洋 —— 编著

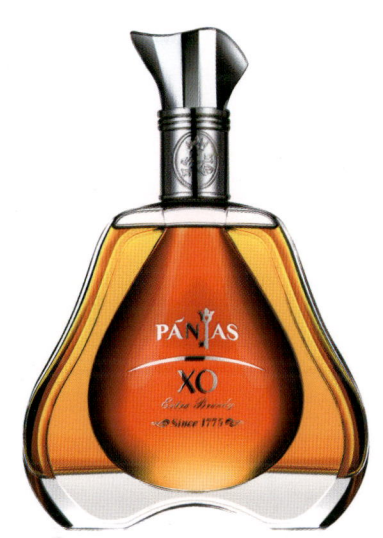

辽宁美术出版社

图书在版编目（CIP）数据

世界高端洋酒品鉴 / 汪洋编著. — 沈阳：辽宁美术出版社，2024.11
ISBN 978-7-5314-9531-4

Ⅰ. ①世… Ⅱ. ①汪… Ⅲ. ①酒－品鉴－世界 Ⅳ. ①TS262

中国国家版本馆CIP数据核字（2023）第143815号

出 版 者：辽宁美术出版社
地　　址：沈阳市和平区民族北街29号　邮编：110001
发 行 者：辽宁美术出版社
印 刷 者：河北松源印刷有限公司
开　　本：787mm×1092mm 1/16
印　　张：15
字　　数：200千字
出版时间：2024年11月第1版
印刷时间：2024年11月第1次印刷
责任编辑：王　楠
封面设计：宋双成
责任校对：满　媛
书　　号：ISBN 978-7-5314-9531-4
定　　价：128.00元

邮购部电话：024-83833008
E-mail:lnmscbs@163.com
http://www.lnmscbs.cn
图书如有印装质量问题请与出版部联系调换
出版部电话：024-23835227

PREFACE 前言

当潮流、时尚日渐成为人们追求的目标时,洋酒作为一种时尚元素进入人们的生活。在习惯了曲酒的浓香、烧酒的浓烈、黄酒的醇厚的中国人眼中,洋酒幽幽的芬芳和绵长的甘醇,在不知不觉中,给生活添加了几分异国的绚烂、些许他乡的风情。

品鉴味美甘醇的洋酒犹如品味人生,世界顶级洋酒以其高贵、典雅的内蕴,极力张扬着一种全新的生活理念。它们象征着富贵,也预示着吉祥,是味觉的盛宴,也是心灵的涤荡。在味觉世界里静静品味,一切变得私密、高贵、真实。一杯浓烈醇香的陈年威士忌中,除了谷物,还有浓郁的苏格兰乡土气息,甘洌、醇厚、圆润、绵柔。细细回味,你会在心灵的共鸣中感知它的格调及思想——些许忌妒艳羡的酸,些许喜悦欢乐的甜,些许失落悲伤的苦,些许癫狂躁动的辣,些许低沉忧愁的咸。邂逅一杯洋酒,放逐一段心情,回忆一段时光……

世界高端洋酒品鉴

在众多洋酒之中,每一款洋酒都独具魅力。威士忌以其复杂多变的风味,从烟熏泥煤的醇厚,到水果花香的清新,层次丰富,让人沉醉其中。伏特加纯净凛冽,无论是净饮还是调配,都能给人带来别样的体验。白兰地果香浓郁、口感醇厚,每一口都仿佛是时光的沉淀。这些各具特色的洋酒,无论是在正式的社交场合,还是在静谧的独处时光,都能为人们带来独特的味觉享受与心灵触动。

在时钟的嘀嗒声中,为自己选一杯甘醇的洋酒,追求一种放松、悠闲的心境,崇尚一种满足、释放的意趣。劳累之余,返璞归真,回归味觉的纯真年代,用嗅觉调味心情,用味觉体悟人生。

CONTENTS 目录

Part 1

认识洋酒 / 001

洋酒概念 / 002

洋酒划分 / 005

洋酒度数 / 009

洋酒标签 / 012

Part 2

洋酒品类 / 017

发酵酒类 / 018

蒸馏酒类 / 082

再制蒸馏酒类 / 175

再制酒类 / 191

Part 3

洋酒贮藏 / 213

贮藏位置 / 214

贮藏工具 / 215

贮藏时间 / 218

洋酒换瓶 / 219

Part 4

洋酒与健康 / 221

饮酒戒律 / 222

饮酒温度 / 224

饮酒功效 / 225

Part 5

洋酒礼仪 / 227

择酒礼仪 / 228

试酒礼仪 / 230

饮酒礼仪 / 232

Part 1 认识洋酒

洋酒概念

关于酒的概念，无论国内还是国外，始终没有一个统一的说法。洋酒通常指那些从外国引进的酒，之所以称其为"洋酒"，是为了跟国产的"土酒"相区别，而且主要是根据产地来区分的。大众眼中的洋酒多是指国外那些经过蒸馏制成的具有很高酒精浓度的烈性酒，如威士忌（Whisky）、白兰地（Brandy）、朗姆酒（Rum）、伏特加（Vodka）等。这些洋酒的生产原料多以谷物、水果，以及一些特别的植物为主，常见的有大麦、玉米、葡萄、樱桃、苹果、甘蔗等。

按照国人的习惯，含有酒精成分的饮料统称为酒，在英文中统一被翻译成 Wine。但是，欧美国家对酒有着不同的称呼习惯。对以葡萄为原料酿制而成的酒，

Part 1 世界高端洋酒品鉴
1 认识洋酒

他们会称其为 Wine。如果是以其他水果酿制而成的果酒，则要在 Wine 的前面加上该水果的名称。例如，梅酒称为 Plum Wine，黑醋果酒称为 Black Currant Wine。不过，也有一些比较特殊的叫法，如以苹果汁酿成的饮料酒称为 Cider。另外，他们会把经过发酵、蒸馏而成的含有高浓度酒精的烈性酒统称为 Spirits。在国外，那些从事酒类零售的店面，其广告牌上经常标注"Wines&Spirits"的字样，意思是说这里出售各种各样的酒。

世界高端洋酒品鉴
Part 1 认识洋酒

洋酒划分

洋酒按生产工艺的不同可划分为以下几类。

1. 发酵酒类

这类酒又被称为酿造酒和原汁酒。发酵酒类是借助酵母菌的作用,将含有淀粉和糖成分的原料经过糖化、发酵、过滤、杀菌等过程,最终制成含有酒精成分的酒类。在洋酒中,发酵酒类主要指的是以葡萄这种水果为原料发酵而成的葡萄酒。除此之外,还有以其他水果为原料发酵而成的果酒、以谷物为原料发酵而成的啤酒等。

2. 蒸馏酒类

这类酒的酒精含量较高，制作过程包括酿造、蒸馏、冷却等。蒸馏的方法主要有两种，分别为传统蒸馏法和酒精蒸馏法。传统蒸馏法使用的是单式蒸馏机，为不完全蒸馏，这种方法制成的酒除了含有酒精，还混合其他成分，原料本身的味道比较重。酒精蒸馏法使用的是近代才采用的连续式蒸馏机，可将原料蒸馏制成纯度高达95%的酒精，因为酒精度数过高，需加入香精、兑水冲淡才能饮用。常见的蒸馏酒有白兰地、威士忌、朗姆酒、伏特加等。

Part 1 认识洋酒 | 世界高端洋酒品鉴

3. 再制蒸馏酒类

这类酒是在高纯度酒精或其他烈性酒的基础上,经过再次蒸馏而制成的,在制作过程中会投入杜松子等带有芳香气味的材料进行调味。这类酒的酒液呈无色透明状,口感清香舒爽。再制蒸馏酒的代表酒为金酒(Gin)。

4. 再制酒类

这类酒是以各种烈性酒为基酒,调入果汁、砂糖、色素等材料,经混合调配再次制成的酒类,例如各种花色的利口酒(Liqueur)等。

另外,洋酒按饮用时机的不同还可划分为餐前酒(开胃酒)、佐餐酒、餐后酒和特饮酒等不同种类。一般来说,雪莉酒(Sherry)、烈性的鸡尾酒(Cocktail)多作为餐前酒,葡萄酒多作为佐餐酒,而像白兰地等强劲的烈性酒或甘甜的利口酒则多作为餐后酒。

Part 1 认识洋酒　　1 世界高端洋酒品鉴

洋酒度数

古代的欧美人如果想知道酒的度数（简称"酒度"）高低，常会使用一种简便方法，就是将等量的酒与火药混合，然后用火点燃。如果火药没有燃起，就说明酒度很低；如果出现明亮的火焰，就说明酒度较高；如果火焰不明不暗，且呈蓝色，就说明酒度适中，适合饮用。现在，人们有了更为精确的酒度测量方法和衡量标准。

国际上常用的酒度表示法有三种。

1. 标准酒度（Alcohol% by volume）

标准酒度是指在 20℃条件下，每 100 毫升酒液中含有酒精的体积数。标准酒度通常用百分比和"度"表示，或用缩写 GL 表示，在法国等欧洲国家以及中国、日本使用比较多。如干邑白兰地酒标上显示的标准酒度 40%，其含义为每 100 毫升的白兰地酒液中，含有 40 毫升的纯酒精。

2. 美制酒度（Degrees of proof US）

美制酒度用酒精纯度"proof"表示，多在北美、中美以及南美国家使用，1 个美制酒度相当于 0.5% 的酒精含量。如酒瓶标签上印有"80 proof"字样，换算成标准酒度则为 40%。

3. 英制酒度（Degrees of proof UK）

18 世纪，英国人克拉克（Clark）创造了一种酒度计算方法，即英制酒度。这种酒度计算方法多在英国、加拿大等国家使用。1 个英制酒度相当于标准酒度的 1.75 倍。

Part **1** 世界高端洋酒品鉴 / 认识洋酒

洋酒标签

通常，洋酒的厂商会在酒瓶的标签上标注酒的各种信息，以便购买者进行鉴别挑选。关于洋酒标签的设置，每个国家各具特色，但基本的信息大致相同。识别洋酒标签不仅是挑选洋酒的必备技能，也是品鉴洋酒优劣的重要手段。

Part 1 认识洋酒 / 世界高端洋酒品鉴

1. 产地

通常，产地标注得越精确证明洋酒品质越好。对于葡萄酒，有些国家的标签上不仅详细地标注葡萄的产地、所在的酒庄，还会将葡萄的具体品种标注出来，以此表明葡萄酒品质极佳，值得信赖。特别是酒庄信息，有时候可能成为鉴别葡萄酒品质的唯一标准。

2. 年份

洋酒标签上的年份指的是洋酒陈酿的时间。年份不仅代表一瓶酒酒龄的长短，还表明其所使用的原料在成熟度、品质上的差异。只有好年份收获的原料，才能酿制出品质优良、保存持久的洋酒。因此，年份也是很重要的鉴别洋酒优劣的重要依据。

3. 等级

对于洋酒，每个国家甚至各产区都有不同的分级系统，相应的分级制度复杂而专业。关于葡萄酒，法国有 AOC（法定产区酒）、VDQS（优良地区酒）、VDP（地区餐酒）、VDT（日常餐酒）等级别之分；其他国家如德国有 QMP（优质高级葡萄酒）、QBA（优质葡萄酒），意大利有 DOCG（产区控制保证酒）、DOC（产区控制酒），等等。而蒸馏类酒

Part 1 世界高端洋酒品鉴
认识洋酒

白兰地，等级有 VS、VSOP、VO、Napoleon、XO、Exrta 等。通常，等级越高的洋酒，其贮藏的年份就越长，品质也越高。

除了上述基本信息，洋酒标签上通常还会标有酒的原料、酒精度数、灌装详情、甜度、检定编号，以及酒章、商标、优良商品凭证等信息。

洋酒标签就好比一瓶酒的名片、身份证，不仅是衡量一瓶酒优劣的标志，还折射出一个国家或地区政治、经济、文化等方面的内容。

Part 2 洋酒品类

发酵酒类

葡萄酒

一、认识葡萄酒

（一）葡萄酒的历史起源

葡萄酒是历史上最古老的酒类之一，很久以前它就已经和人类的生活密切相关了。关于葡萄酒的起源，历来众说纷纭。相传，葡萄酒是猴子发明的。猴子经常采摘大自然的果子吃，特别对又酸又甜的葡萄情有独钟。它们将采摘的野生葡萄堆放在一起，时间久了，葡萄在天然酵母的作用下便发酵成为原始的葡萄酒。一天，猴子喝了这种葡萄酒醉成一团。一个猎人正好路过这里，看到这一情景，也好奇地尝了尝这种液体，感觉非常美味，便把这种酒带回村子给大家品尝。于是，葡萄酒逐渐被人们熟知，人们都说猴子会酿酒。每次人们都会等猴子酿好酒再带回来饮用，就像打猎一样。

历史学家认可的一种说法是，葡萄酒起源于古文明发源地之一的波斯，随后逐渐在以色列、

Part 2　世界高端洋酒品鉴
洋酒品类

Part **2** 世界高端洋酒品鉴
洋酒品类

叙利亚等国家盛行。到了古希腊时期,浪漫智慧的希腊人将葡萄酒视若珍宝。古罗马人更是为它疯狂,甚至有历史学家断言,古罗马的覆亡和罗马人沉溺于葡萄酒有关。

罗马帝国征服欧洲大陆后,将葡萄酒的酿制技术也一同带到了欧洲其他国家。公元1世纪,被古罗马占领的高卢地区的葡萄种植和葡萄酒酿造业开始繁盛,并一直延续至今。15—16世纪,葡萄酒酿造技术又传播到了中美洲和南美洲。在那里,人们建立了很多新世界葡萄园,后来成为主要的葡萄产地。同时期,葡萄种植技术传到了撒哈拉沙漠、澳大利亚、新西兰等

地。从此,葡萄酒成了全世界人们最喜爱的酒类品种之一。

唯有探寻葡萄酒的历史渊源,品味它的历史厚重感,我们才能更加尽情地享受它绝美的色泽、醇香和韵味。

(二)葡萄酒的原料

葡萄是酿制葡萄酒的原料。一瓶葡萄酒,是无数颗优质葡萄的艺术化过程。不同的葡萄品种,不同的酿酒师,经过不同的酿造方式,成就不同的葡萄酒。

全世界可以酿酒的葡萄品种数不胜数,而且新品种也是层出不穷,不过可以酿制上好葡萄酒的葡萄品种必定是万里挑一的极品。总的来说,葡萄品种可以分为白葡萄和红葡萄两种。白葡萄颜色有青绿色、黄色等,主要用来酿制气泡酒及白酒。红葡萄颜色有黑色、蓝色、紫红色、深红色,其中有果肉是深色的,也有果肉和白葡萄一样是无色的,所以无色果肉的红葡萄去皮榨汁之后可酿造白酒。

1. 赤霞珠（Cabernet Sauvignon）

赤霞珠，别名解百纳、解百纳索维浓、解百纳苏味浓，曾用名雪花沙和苏维翁，原产法国，是法国波尔多（Bordeaux）地区传统的酿制红葡萄酒的良种。

世界上生产葡萄酒的国家均较大面积栽培赤霞珠。该品种比较晚熟，皮厚且色深，果粒小且富含果汁。赤霞珠容易种植、适应性较强，可酿成浓郁厚重型的优质红葡萄酒，且适合久藏。它与其他品种的葡萄酒（如梅鹿辄等）调配，经橡木桶贮存后，口感更为柔顺、醇厚。如果在新的木桶中陈酿，一般会有烟熏、香草、胡椒等香气，如果是陈年的老酒，还会有菌菇类、干树叶、动物皮毛等香气。

该品种还有一个姊妹品种叫品丽珠，英文名称 Cabernet Franc，其富有果香，口感较清淡柔和，大多不能久藏。它的酒质不如赤霞珠葡萄酒。

Part 2 世界高端洋酒品鉴
洋酒品类

2. 梅洛（Merlot）

梅洛，又名美乐、梅乐、梅鹿辄、梅鹿汁等，原产于法国，在法国波尔多（Bordeaux）地区与其他名种（如赤霞珠等）配合生产出极佳干红葡萄酒。该品种为法国古老的酿酒品种，常作为配角来提高酒的果香和色泽。相较于赤霞珠，梅洛属于早熟品种，单宁含量低。用梅洛酿造的酒颜色一般都深，呈黑红色和深紫色。梅洛果香也是相当迷人，可以明显地闻到黑色李子果的香气。如果葡萄成熟度好的话，可以在酒里闻到成熟的李子果和李子干的香味；如果成熟度不好的话，酒里会有青草气味。陈年的梅洛酒有时会带有香料和动物的气息。

3. 佳丽酿（Carignane）

佳丽酿，别名佳里酿、法国红、康百耐、佳酿，原产于西班牙，是西欧各国的古老酿酒优良品种之一。

佳丽酿易栽培、丰产，去皮可酿成白或桃红葡萄酒，可用于红酒调配与酿制白兰地。所酿之酒呈宝石红色，味正，香气好，宜与其他品种的酒调配。

4. 黑比诺（Pinot Noir）

黑比诺，别名黑品诺、黑品乐、黑皮诺等，原产于法国，是古老的酿酒名种。该品种早熟、皮薄、色素低、产量少，适合较寒冷的地区，对土壤与气候的要求比较严格，去皮发酵可酿制干白、白酒及非常好的气泡酒，是酿制香槟最主要的葡萄品种之一。所酿的酒颜色不深，适合久藏。

这种娇弱的贵族葡萄品种，最好的种植区在勃艮第（Burgundy），在那里它有最佳的表现。同时，来自勃艮第的黑比诺红酒可能是世界上最奢侈的洋酒了。它香气十足，年轻时有丰富的水果香及草莓、樱桃等浆果味，成熟后带有香料及动物、皮革香味，有着回甜、充满果香的味道。其在德国被称为晚勃艮第品种（Spatburgunder），主要用来生产清淡、色泽柔和、早熟的红酒；在美国加州、俄勒冈州以及奥地利、新西兰也有很好的表现。

Part **2** 世界高端洋酒品鉴
洋酒品类

5. 佳美（Gamay）

佳美，别名加美、嘉美，曾用名黑佳美、红加美，原产于法国，是法国勃艮第南方及罗亚河区的重要葡萄品种，占勃艮第红酒一半以上的产量。佳美酿制的酒一般都要趁新鲜饮用，不过，若是产于博若莱产区（Beaujolais Cru），如风磨坊葡萄酒（Moulin à Vent）则例外，该地所产的红酒也可陈放。低单宁、有丰富的果香及美丽的浅紫红色泽是其特色，常带西洋梨及紫罗兰花香，尤其是宝祖利新酒（Braurjolais Nouveau），带有西洋梨、香蕉及泡泡糖的香味，低涩度，高果香，冰凉之后容易入口，是入门者的最佳选择之一。

Part 2 世界高端洋酒品鉴 / 洋酒品类

6. 歌海娜（Grenache）

歌海娜，曾用名格伦纳什，原产于西班牙。

该品种的特点是产量高、成熟晚，颜色为深紫色，含糖量高，果实结实，密度高，香气浓郁，含黑樱桃、黑醋栗、果酱、黑胡椒与甘草味，自然酒精含量可达18%，酸度低，单宁中低度，易霉变。所以，酒商通常将它与其他品种混合，以增强其结构和平衡度。最优质的歌海娜产自西班牙最小的产酒区普里奥拉（Priorato）。

7. 内比奥罗（Nebbiolo）

内比奥罗，曾用名纳比奥罗，原产于意大利，属于高果酸、高色素、高单宁、晚熟型的品种，主要分布在意大利北部，主要用于生产巴若罗（Barolo）、巴巴莱斯科（Barbaresco）葡萄酒。内比奥罗所酿的酒可媲美一级波尔多红酒。酿造初期，酒的特色并不明显，成熟后口味独特，会散发出梦幻般的香气。酒色深如席哈，香味丰富，口感强实，带有丁香、胡椒、甘草、梅、李子、玫瑰花及苦味巧克力的香味，非常适合久存。

Part 2 世界高端洋酒品鉴
洋酒品类

8. 雷司令（Riesling）

雷司令，德国最古老、最重要的白葡萄酒品种之一，主要产自德国。雷司令主要种植在德国较为凉爽的地区，且有很长的成熟期，这使其拥有迷人而又丰富的香味。雷司令所酿制的酒，从青苹果、柠檬、桃子、龙眼等水果的香味到蜂蜜的甜香以及矿物质之香，香味多样。陈年的雷司令颜色从淡绿色转为深金色，香气也比年轻时更明显一些，透着迷人的水果香和蜜香，有些陈年不好的会有一种独特的汽油或煤油味。

二、葡萄酒的种类

虽然葡萄酒家族的每个分支看起来都令人难以洞悉，但其实归纳起来，葡萄酒的家族很容易区分和标记，无非是以下几种。

（一）静态葡萄酒

其酒精含量为 8%~13%，根据葡萄品种与酿造方式的不同分为红葡萄酒、白葡萄酒和玫瑰红葡萄酒。静态葡萄酒（Static wine）释放出发酵过程中所产生的二氧化碳，因此酒中不含气泡。

1. 红葡萄酒

红葡萄酒（Vin rouge）主要由红葡萄酿制而成，因其红色的外观，也被人们称为红酒。酿制过程主要是将葡萄串连接在一起压破后，葡萄的果皮、果肉、种子等与葡萄汁一同发

酵；葡萄中的酵母菌将糖分转化为酒精和二氧化碳，等酒精吸收了果皮中释放出的天然红色素，葡萄酒的颜色才是红色的。

这里要特别提到红葡萄酒的灵魂——单宁（Tannin）。单宁是一种酸性物质，主要来源于葡萄的果皮与葡萄籽，另外在葡萄酒发酵过程中使用的橡木桶也会提供一定的单宁物质。单宁含量高低是红葡萄酒与白葡萄酒之间最重要的区别之一。

单宁是一种天然的防腐剂，能够避免葡萄酒被氧化变酸，使长期贮藏的葡萄酒能一直保持它的最佳状态。单宁决定了红葡萄酒结构的丰满与色泽的稳定，令红葡萄酒醇厚、坚实，富有表现力。当然，也不是说单宁越多的葡萄酒品质越好。品质好的葡萄酒应该是单宁、酸、酒精相互平衡、和谐的完美成果。

2. 白葡萄酒

白葡萄酒（Vin blanc）选用的葡萄品种并非只有白葡萄，红葡萄也是酿造白葡萄酒的品种之一，因为红葡萄在去掉果皮之后，果肉也是白色的。但是，用红葡萄酿制白葡萄酒时，要特别注意在压汁之后迅速把含有红色素的果皮与果汁分开。

白葡萄酒只是将葡萄的汁液进行发酵，没有葡萄果皮，所以白葡萄酒一般口味清爽，富含果香，单宁的含量很低。富含单宁的红葡萄酒中，"涩"的口感是否平衡决定了它的品质好坏，而单宁含量较低的白葡萄酒中，"酸"的口感恰当也就体现了它的高贵。有的白葡萄酒在酿造过程中，未完成发酵过程，就在酒中添加硫化物或白兰地以杀死酒中的酵母菌，人为地停止发酵，使酒中含有部分果糖，酒质因此浓郁香甜。

白葡萄酒中最著名的品种要数有两百多年历史的酒中极品"冰酒（Icewine）"了。顾名思义，冰酒就是冰葡萄酒的意思。当气温降到-7℃以下，迟摘的葡萄

中一部分水分凝结成冰，另一部分因富含高浓度糖分仍保持液体的形态。这种葡萄在榨汁过程中能够获得比一般葡萄更黏稠、甜美的葡萄汁液，由它酿造的冰酒珍贵而稀少，有"液体黄金"之称。

并不是所有的葡萄品种都能承受得住低温的考验，只有"冰酒之母"雷司令、"混血美人"威代尔（Vidal）才能有幸成为酿制冰酒的御用葡萄。而且，酿造冰酒对于自然条件和气候条件的要求也非常苛刻，全世界主要有德国、奥地利和加拿大等国家能生产这种酒中极品。

3. 玫瑰红葡萄酒

所谓的玫瑰红，只是用来形容它的色泽，酒中可没有任何玫瑰花的成分。玫瑰红葡萄酒（Vin rose）的酿造方法与红葡萄酒差不多，首先把红葡萄压破，将葡萄果皮、果肉、果汁一起发酵，待获得需要的颜色之后，将葡萄汁液与果皮分离，然后用澄清后的葡萄汁完成余下的全部发酵过程。

玫瑰红葡萄酒由于在酿造过程中与葡萄果皮的接触时间很短，所以其单宁含量介于红葡萄酒与白葡萄酒之间，涩味较少，喝起来清新淡爽而又富有果香。因为粉红色色泽特别受女士的喜爱，所以玫瑰红葡萄酒销量非常好。尤其是近年来，玫瑰红葡萄酒已经成为年轻时尚人士追逐的一种风尚。而在

此之前，没有多少人拿玫瑰红葡萄酒当回事，大家只是认为这不过是一种颜色特殊的甜酒，很少将其摆上正式餐桌。当有人发现这一清香爽口的甜酒非常适合野外聚餐后，玫瑰红葡萄酒才逐渐风靡起来。

（二）起泡葡萄酒

在装瓶后经过二次发酵而产生二氧化碳的葡萄酒就叫起泡葡萄酒，又叫起泡酒，它的英文名称是"Sparkling Wine"，在西班牙又叫"Cava"，而到意大利就变成"Spumanti"了。

著名的香槟酒（Champagne）就是起泡酒的一种，它那升腾的气泡、醉人的香气令无数人陶醉、痴迷。

香槟酒的发明极具传奇色彩。据说在17世纪，本笃会的修士在法国的香槟地区埃佩尔奈（Epernay）以西几千米的地方修建欧维莱尔（Hautvillers）修道院，一个叫唐·佩里侬（Dom Perignon）的修士负责修道院酒窖的管理与葡萄酒酿造。他把含有残糖的葡萄酒密封在瓶子里，结果葡萄酒在瓶子里进行了二次发酵。佩里侬意外发现这种酒清洌爽口又饱含气泡，极具观赏性。时至今日，这种古老的方法逐步演化为人们耳熟能详的香槟酒酿造技术——瓶式发酵法。

不过，有的香槟酒生产商为了追求利益，使用罐式发酵法、充气法等在静酒里添加二氧化碳的方式酿

Part 2 世界高端洋酒品鉴
洋酒品类

造香槟酒。以这种简单而粗糙的加工方式酿制的香槟酒给香槟酒原有的美誉带来了冲击，加上美国很多劣质起泡酒也都打着"香槟酒"的招牌，最终愤怒的法国人制定了原产地控制命名条款。条款中规定，只有在法国香槟地区生产的，在瓶内进行过二次发酵的起泡葡萄酒才能被称作"香槟酒"。该条款虽然维护了香槟酒的纯洁与荣誉，但是毕竟香槟酒是属于全人类的财富，这种极端的方式有违香槟酒带给世界快乐的初衷。

（三）加烈葡萄酒

酿制加烈葡萄酒（Fortified wine）就是在葡萄酒发酵过程中或者发酵之后添加其他高浓度的酒（如白兰地），使葡萄酒口感强烈，又富有甜果气息。狭义地讲，加烈葡萄酒就是指调制酒。葡萄牙的波特酒（Porto）、马德拉酒（Madeira）以及西班牙的雪莉酒（Sherry）都是加烈葡萄酒中的佼佼者。

1. 波特酒

波特酒是葡萄牙东北部杜罗河（Douro）地区的骄傲，杜罗河是葡萄牙的母亲河，有着"黄金河谷"的美誉，它酝酿出波特酒的甜美与芬芳。英国人在12世纪就开始在这里酿造葡萄酒并出口到英国市场，但是由于那个时代还没有发明玻璃酒瓶和软木塞，使用橡木桶运输的葡萄酒经常在路上就变质了。于是，人们在葡萄发酵的过程中添加中性的葡萄蒸馏酒白兰地（酒精浓度高的白兰地能杀死葡萄酒中的酵母菌），人为地终止发酵，部分没有发酵的果糖令酿造出来的波特酒特别甜美，而白兰地富含的酒精也使波特酒不容易腐败，发展到今天就是人们所喜爱的波特酒。波特酒的名字取自经常出口波特酒的港口"Porto"。

2. 马德拉酒

距葡萄牙首都里斯本西南1000千米的马德拉岛（Madeira）是马德拉酒的产地。同波特酒的酿制一样，马德拉酒也使用添加白兰地（48%酒度）的方式使它的酒精含量达到17%~20%。该酒分为甜型马德拉酒和干型马德拉酒。甜型马德拉酒是在完成加热贮存前用白兰地强化，味道较甜的原理与波特酒一样；干型马德拉酒则正好相反，在马德拉酒发酵与加热贮存完成后用白兰地强化。

马德拉酒有坚果、烟雾和葡萄干等焦味芳香。其与波特酒不一样的是，在酿制时有一个类似于酿造黄酒的加热贮存过程。据说，这个加热贮存的方法得益于马德拉酒的环球航行之旅。马德拉酒经常通过航运被送往世界各地，人们发现，在漫长的航行中从低到高再到低的温度变化过程，往往令途经回归线之后到达港口的马德拉酒味道比从马德拉岛出发之前改善很多。于是，为了保证马德拉酒的味道，人们开始模拟马德拉酒的环球航行之旅，把马德拉酒放置在一个可以控制温度的房间，通过加热使房间的温度达到40℃~45℃，再慢慢降低室内温度，以加快酒的成熟，这个过程长达90~180天。

3. 雪莉酒

风味轻快香甜的雪莉酒产于西班牙的安达鲁西亚（Andalucia），在莎士比亚时代被认为是世界上最好的葡萄酒。莎士比亚曾赞美雪莉酒是"装在瓶子里的西班牙阳光"。

用来酿造雪莉酒的葡萄品种是有着"雪莉葡萄"之称的帕罗米诺（Palomino）或佩德罗－希梅内斯（Pedro Ximenez）两种。通常，人们为了防止葡萄酒发霉，都将其装到橡木桶中，灌得满满的，以减少与空气的接触面积；而雪莉酒恰恰相反，人们会在橡木桶中留下1/3的空间以确保空气的流通，并将其在强烈的阳光下暴晒一段时间，蒸发水分以提高甜度。这样，接触到空气的酒会在表面形成一种由天然酵母菌孢子构成的白色薄膜，俗称"开花"（Flor），这种神奇的白色霉花可以令酒免于被氧化，使酒的口感更加强烈、清新，有一种面包香气。

（四）蒸馏葡萄酒

　　运用特制的蒸馏器具加热酿制好的葡萄酒，冷却收集易于挥发的物质，从而获取比原有葡萄酒酒精浓度更高的烈性酒，即蒸馏葡萄酒。白兰地（Brandy）就是我们非常熟悉的一种蒸馏葡萄酒。

　　白兰地起源于法国西南部的夏朗德省干邑镇（Cognac），那里酿制的葡萄酒被在法国沿海运盐的荷兰商船运往欧洲各国。为了避免葡萄酒在运输途中变质，也为了降低运输成本，法国人将葡萄酒加工蒸馏浓缩后出口，然后在货物到达港口后在就近的酒厂里按一定比例兑水稀释后出售。这种被蒸馏浓缩后的葡萄酒就是白兰地的雏形。

三、葡萄酒庄园

1. 柏翠庄园（Petrus）

所在地：法国波尔多。

柏翠庄园，又称彼德鲁庄园、柏图斯庄园，由阿诺德（Arnaud）家族建立于19世纪。这里的葡萄享受着无微不至的呵护。所有的葡萄都在下午采摘，那时清晨的露珠已经全部蒸发，所以葡萄汁的浓度不会有丝毫的稀释。这些非凡而又古老的葡萄树生长在肥沃的泥土里（相反，其他一些邻近区域的土壤是沙砾或者泥沙的混合物），是种植梅洛（占柏翠庄园生产量的95%）的最理想土质。葡萄树在树龄达到70年之后才会被移植。在水泥大桶里发酵后，上品的葡萄会被换入新的橡木桶里存放数十个月，而且每桶放入5个新鲜蛋白用于澄清酒水。柏翠庄园葡萄酒产量很低且价格昂贵，这种酒从不过滤，味道丰富细腻而润口，被誉为"酒王之王"。

2. 罗曼尼·康帝庄园（Romanee Conti）

所在地：法国勃艮第。

位于勃艮第哲维瑞（Gevrey）村庄和伏旧（Vougeot）村庄之间的一片土地，被称作罗曼尼·康帝庄园。它是法国最古老的葡萄酒庄园之一，有"天下第一园"的美誉。这里酿制的葡萄酒因为过于昂贵，在普通商场很难找到它的身影。初看时，这里没有任何特别之处。但早在15世纪，圣·维维安（Saint-Viviant）的修道士就开始精心挑选他们的葡萄藤，建立了这座庄园。他们在葡萄树、土壤、天气、方位和水之间找到了一种微妙的平衡。

传说一直到1945年，他们的种植方法依然是将优良的葡萄藤完全埋在土里，只在地表露出两个芽苗，让其完全生长。当葡萄园被翻修时，工人发现了1米多深、错综复杂的根系，也正是这些根系让罗曼尼·康帝别具一格。"我们是一些葡萄酒理念的守护者，关注每个细节的完美。"庄园的主人之一奥贝尔·德·维莱纳（Aubert de Vilaine）说道。

Part 2 世界高端洋酒品鉴 / 洋酒品类

3. 奔富酒庄（Penfolds）

所在地：澳大利亚巴罗莎山谷。

20世纪50年代靠简陋作坊起家的格兰奇(Grange)，现在已是澳大利亚最具声望的红葡萄酒酒厂之一，它的国际知名度使每年的新酒出厂都成为全世界的期待。口感丰富、高浓缩、充满水果甜味的奔富格兰奇，不论产自哪一年，都经过中长期的窖藏。这种口感丰富而令人陶醉的葡萄酒，永远诱惑着人的味觉。

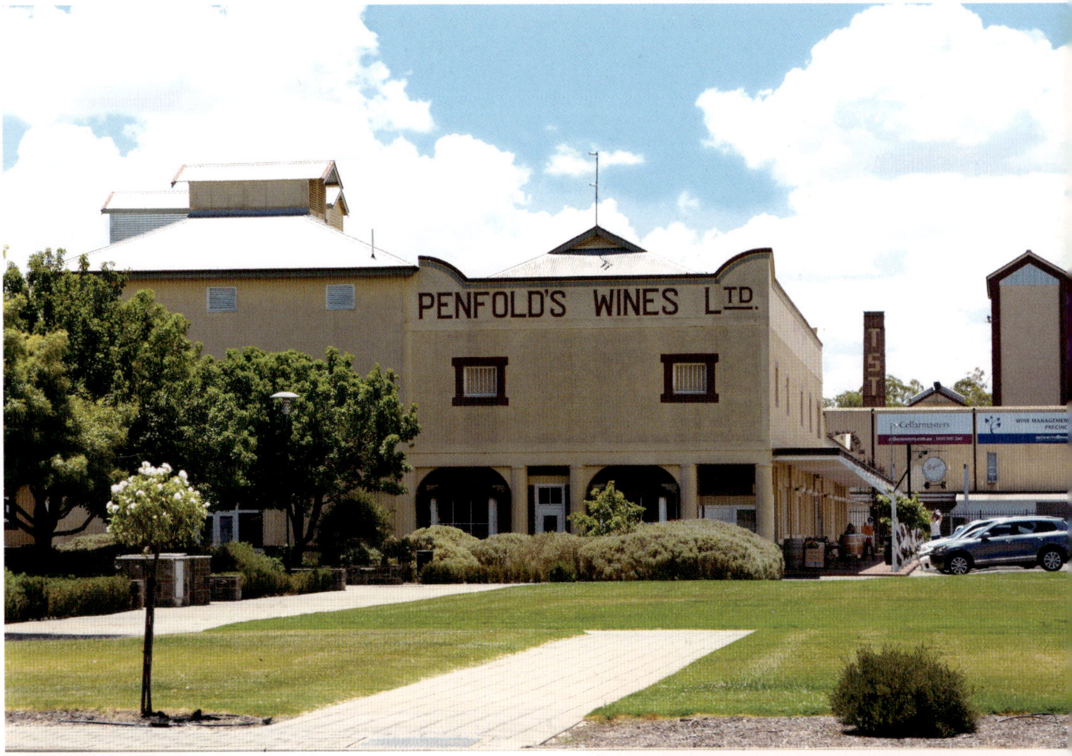
PENFOLD'S WINES LTD.

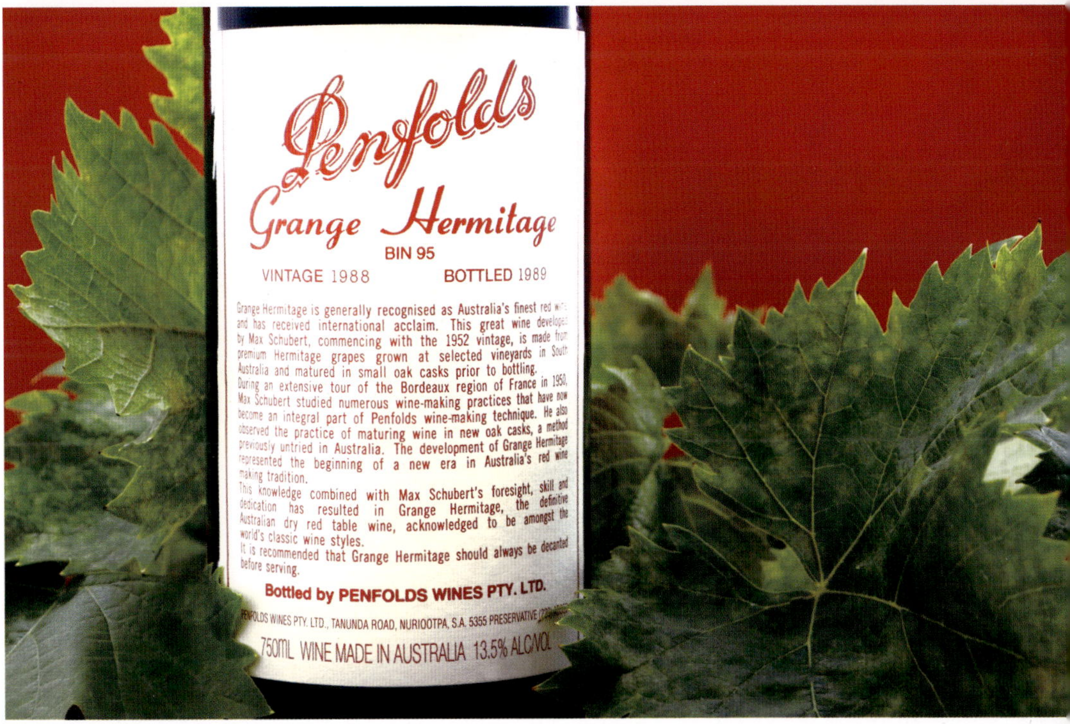
Penfolds
Grange Hermitage
BIN 95
VINTAGE 1988
BOTTLED 1989
Grange Hermitage is generally recognised as Australia's finest red and has received international acclaim. This great wine by Max Schubert, commencing with the 1952 vintage, is made premium Hermitage grapes grown at selected vineyards in Australia and matured in small oak casks prior to bottling.
During an extensive tour of the Bordeaux region of France in 1950, Max Schubert studied numerous wine-making practices that have now become an integral part of Penfolds wine-making technique. He also observed the practice of maturing wine in new oak casks, a method previously untried in Australia. The development of Grange Hermitage represented the beginning of a new era in Australia's red wine making tradition.
This knowledge combined with Max Schubert's foresight, skill and dedication has resulted in Grange Hermitage, the definitive Australian dry red table wine, acknowledged to be amongst the world's classic wine styles.
It is recommended that Grange Hermitage should always be decanted before serving.
Bottled by PENFOLDS WINES PTY. LTD.
WINES PTY. LTD., TANUNDA ROAD, NURIOOTPA, S.A. 5355 PRESERVATIVE
750ML WINE MADE IN AUSTRALIA 13.5% ALC/VOL

4. 马尔卡森庄园（Marcassin）

所在地：美国加利福尼亚州索诺玛谷。

1985年，海伦·戴利(Helen Turley)和约翰·韦劳弗(John Wetlaufer）买下了一片16万平方米的土地。1991年的时候这里仅仅种植了3.5万平方米的葡萄林。1996年，他们产出第一批马尔卡森庄园葡萄酒：夏敦埃（Chardonnay）和黑皮诺（Pinot Noir）。它们都很出色，而后续品种的味道更加丰富。从1990年开始，庄园主人用这些索诺玛地区凉爽天气催生的葡萄酿造出一系列精美的夏敦埃酒，味道浓郁香醇。

5. 戴利酒庄（Turley Wine Cellars）

所在地：美国加利福尼亚州纳帕谷。

拉里·戴利（Larry Turley）一直追求他的最爱：老藤金粉黛尔（Old-Vine Zinfandel）和佩蒂席拉（Petite Sirah）。他称呼它们为"大红"，这个词语恰当地描绘了它们醇厚的浓度。这种对于葡萄酒的热爱世代相传，他的姐妹海伦·戴利（Helen Turley）是一位葡萄酒师，经营着Marcassin——加利福尼亚州夏敦埃酒最畅销的新品牌。长满胡子的拉里·戴利是一位急诊室的内科医生，他一直钟爱加利福尼亚老藤金粉黛尔葡萄酒。

戴利的老藤葡萄园藏着一个惊人的数字，那就是这些老藤葡萄树很多已达到百岁高龄。戴利相信，越老的葡萄藤结出的葡萄味道越自然、和谐。相比之下，时间短的津芳德尔葡萄藤则可以获得较大的出产量。

6. 玛歌酒庄（Chateau Margaux）

所在地：法国波尔多。

玛歌酒庄创建于 15 世纪。这里曾经是英格兰国王爱德华三世的豪宅，也是吉耶纳（Guyenne）地区最宏伟坚固的城堡之一。几个世纪以来，这里几易其主。1804年，拉科洛尼拉（La Colonilla）侯爵来到这里，将古老的哥特式住宅夷为平地，修建了今天我们看到的城堡。1977 年，劳拉（Laura）和安德烈·门捷洛普洛斯（Andre Mentzelopoulos）夫妇买下城堡，斥巨资兴建葡萄园并购买酿酒用具。艾米尔·佩诺德（Emile Peynaud）作为顾问留在这里监督酿酒过程。当时人们认为要等很长时间这些设施才能让这里的葡萄酒香飘万里。但 1978 年酿出的第一瓶葡萄酒就让人见识了玛歌酒庄的伟大之处。

7. 佳慕酒庄（Caymus Vineyards）

所在地：美国加利福尼亚州纳帕谷。

佳慕葡萄酒几乎一直是佳慕酒庄的形象代表。在这个酿酒厂里，你随便打开一瓶 1974 年、1975 年或者 1976 年的葡萄酒，都会飘出新鲜水果的味道。

1992 年的佳慕葡萄酒，有着烤橡木和黑茶子的浓郁香味。它所具有的成熟、醇厚味道十分贴近人们的口感。佳慕酒庄主要酿造两种不同的

Part 2 世界高端洋酒品鉴 洋酒品类

赤霞珠葡萄酒：一种是佳慕赤霞珠干红葡萄酒，一种是珍贵的佳慕特别珍藏赤霞珠干红葡萄酒。这两款葡萄酒结构丰满，有着天鹅绒般的柔顺丝滑口感和成熟的单宁果香，香气和味道都非常独特，这要归功于延长葡萄在葡萄藤上的"挂果时间"的种植技术。

8. 马丁南尼（Martinelli）

所在地：美国加利福尼亚州索诺玛谷。

在俄罗斯河谷（Russian River Valley）的所有庄园主里面，马丁南尼（Martinelli）家族一直声名显赫。他们拥有的 142 万平方米葡萄园，同时为其他顶级葡萄酒生产商提供上等原料。从 1990 年开始，在顾问和酿酒师海伦·戴利（Helen Turley）的帮助下，史蒂夫·马丁南尼（Steve Martinelli）开始自行灌装 4000 多桶葡萄酒。虽然相对于马丁南尼葡萄园的总产量，这不过是很小的比例，但是因为他们有挑选最好葡萄原料的绝对权力，所以这 4000 多桶葡萄酒成为加利福尼亚州味道最丰富、最令人激动的葡萄酒。

9. 狄康堡庄园（Chateaud'Yquem）

所在地：法国波尔多。

狄康堡庄园又名滴金酒庄，位于法国波尔多南部的苏特恩（Sauternes）地区。在1855年的"波尔多葡萄酒官方等级"（Bordeaux Wine Official Classification）评定中，狄康堡是苏特恩地区唯一获此殊荣的葡萄酒，表明人们对其优良品质的认可。狄康堡葡萄酒味道浓郁、醇厚，并带有甜味。每一枝狄康堡葡萄藤仅仅被用于生产一杯葡萄酒。

四、世界名品葡萄酒鉴赏

1. 拉菲 1982 年红葡萄酒

　　法国拉菲 1982 年红葡萄酒产自波尔多顶级庄园——拉菲庄园。此款酒只要一开启瓶塞，立刻就能闻到一股与众不同的黑醋栗香气，香气浓郁而又令人印象深刻。将红葡萄酒斟入酒杯，便能看到杯中闪现出闪着紫光的浓烈的宝石红色，这是非常清新的酒色。轻摇酒杯，香气更加浓烈地涌出来，同时夹杂着铅笔芯、矿质、烟草和咖啡的香气。入口醇美，结构均衡，香气馥郁，萦绕舌尖久而不散，令人回味无穷。拉菲典雅高贵的风格，令葡萄酒爱好者对这款酒倾心不已。

Part 2 世界高端洋酒品鉴
洋酒品类

2. 白舒伐尔 1995 年红葡萄酒

　　法国白舒伐尔 1995 年红葡萄酒产自法国著名葡萄酒庄园——白舒伐尔酒庄。好年份出产的白舒伐尔红葡萄酒一直被视为波尔多的八大土酒之一，其中 1995 年的属于超级酒。此款酒呈深红宝石色，闪烁淡紫色光辉，具有典型的华美白舒伐尔异香和黑果（樱桃和黑加仑）香味。入口成熟而辛香，在口腔中高度凝缩，终感是美妙醇和的单宁酸味。品质超卓，魅力浓烈。最佳匹配菜肴：鹿肉、烤鹅、牛里脊。

3. 嘉雅 1990 年红葡萄酒

嘉雅 1990 年红葡萄酒产自意大利的嘉雅酒庄，该酒庄是意大利最为成功的葡萄酒庄园之一。此款红葡萄酒呈优雅的深红宝石色，有可爱的巴巴列斯可焦油香和玫瑰香，果味甘美丰浓，酒体饱满，单宁强劲，留香极长。最佳匹配菜肴：野禽和食用牛肚菌。

4. 爱士图尔 1990 年红葡萄酒

爱士图尔 1990 年红葡萄酒产自法国梅多克爱士图尔庄园（也叫爱诗途酒庄）。爱士图尔庄园自 1982 年以来已出产一系列卓越的葡萄酒，且以耐久藏出名。此款红葡萄酒呈可爱的深红宝石色，无藏酿之象；有成熟的红果香及少许微妙的橡木烟香；口感饱满，组成经典，深蕴甘香味，质地柔滑。品后留香非常长，足见其耐久（到 2020 年仍佳）。1990 年的酒尤其优雅，是真正的极品之一。最佳匹配菜肴：烤山鹑、珍珠鸡。

5. 博卡斯特尔 1994 年红葡萄酒

博卡斯特尔 1994 年红葡萄酒产自法国博卡斯特尔酒庄。葡萄园内的土壤是典型的通风良好的沙土地，非常适合葡萄种植，这里的葡萄树根深、健壮。精心筛选采集来的葡萄经过传统工艺的酿造，便会得到世界顶级的红酒。此款红葡萄酒呈中等到较深的维多利亚李子色，拔掉木塞后 10 分钟内没什么气息，6 小时后有树莓香，接着可感受到普罗旺斯香草味，气味优雅绵长。品尝后，能知其酒体饱满，单宁顺滑充沛，余味悠长，口感强劲，适合长时间保存。最佳匹配菜肴：蘑菇牛里脊、烩串烤野鸡。

Part **2** 世界高端洋酒品鉴
洋酒品类

6. 舒伐利亚 1996 年红葡萄酒

舒伐利亚1996年红葡萄酒产自法国舒伐利亚庄园（又称骑士庄园），这里虽地处森林深处，但拜访的人络绎不绝，因为这里所产的酒都是格拉夫名号中最好的。格拉夫名号源于该地自排水的沙砾土壤。此款红葡萄酒呈深紫红宝石色，优雅，释色适中；闻之上等，以卡本妮香味为主；有肉桂和树莓香味，深蕴而香味稳定，留香持久；单宁味柔滑，酒质密实，酒体丰腴而有力，适合陈酿。最佳匹配菜肴：烤羊腿、烤肉、野味。

7. 穆加 1994 年红葡萄酒

穆加 1994 年红葡萄酒产自西班牙穆加家族经营的著名藏酒阁，这里出产的红葡萄酒具有著名的里奥赫应有的品质：丰浓、复合香味，恰到好处的橡木香，高度藏酿潜力。其葡萄酒的整个酿制过程仍然沿用传统工艺，其存酿的葡萄酒最值得购买。此款红葡萄酒呈深紫红色，带猩红光彩；闻之尝之都有复合的印象；黑莓果味与烤咖啡味交织在一起；藏酿后会散发矿物质香味，十分特别。最佳匹配菜肴：野味、红肉、乳酪。

Part 2 世界高端洋酒品鉴 洋酒品类

8. 芒布里逊 1993 年红葡萄酒

芒布里逊 1993 年红葡萄酒产自法国芒布里逊庄园，这个被法国人称作"乡村别墅"的迷人而浪漫的庄园，位于法国阿尔萨克（Arsac）公区内马尔戈后远离尘嚣的乡村里。这里的葡萄藤生长在和丹格鲁邸庄园一样的深层碎石土质的勒格朗（LeGrand）高原上，当葡萄藤成熟时，两地出产的葡萄酒都有同样的稳定性质和发育时的芬芳和丰浓。此款红葡萄酒呈平均而活跃的红宝石色，亮丽而不浸渍过度；瓶内藏酿 4 年之久，有圆润的果香，入口稳定而实，有纯净的单宁酸味，但若再在瓶中藏酿 3 年，便会有柔滑丰浓感。最佳匹配菜肴：红肉和野禽。

9. 蒙图 1994 年红葡萄酒

蒙图 1994 年红葡萄酒产自法国蒙图庄园，这里主要种植丹拿葡萄，并辅以卡本妮萧伟昂和费尔莎伐多（FerServadou）葡萄。此款红葡萄酒呈深红宝石色，鲜活而浓烈；劲度好，稳定而充盈，单宁味成熟，适量新橡木味的点缀使果味圆润。最佳匹配菜肴：野禽。

10. 普约 1994 年红葡萄酒

普约 1994 年红葡萄酒产自法国宝捷庄园,是梅多克超值品之一。昔日,乔治·蓬皮杜在巴黎其私人银行用两瓶未贴标签的紫红酒款待他的老板巴朗·艾利·德罗特希尔德(拉菲特的拥有者)。巴朗·艾利以为他品出其中一瓶是拉菲特酒,于是向主人盛情道谢。但蓬皮杜回答道:"你喝的其实是普约。"此款红葡萄酒就较好的年份而言,是一流的产品:色深,有明显的花香味,劲利而油润;成熟黑果味充盈口腔,与上佳单宁味及运用得宜的橡木味相匀和,酿制精湛。最佳匹配菜肴:野味、鹧鸪、烤鸭和鹅。

11. 伊慕雷司令甜白葡萄酒

　　伊慕雷司令甜白葡萄酒产自德国顶级名庄伊慕酒庄，这款白葡萄酒由100%雷司令酿成，口感甘甜醇美，酒中带有杏仁及蜂蜜味和成熟的酵母香，风格高雅别致，堪称德国葡萄酒的王者。由于这款酒酿造过程复杂而漫长，因此每年只有很少的产量，目前只有特定的几个年份有出产，且价格十分昂贵，常被列在拍卖会天价葡萄酒之列。

Part 2 世界高端洋酒品鉴 洋酒品类

五、葡萄酒的品尝之旅

（一）品饮方式

1. 净饮

葡萄酒多以净饮的方式饮用，因为在葡萄酒中加入冰块或碳酸饮料，不仅会破坏葡萄酒原来的味道，还会破坏葡萄酒的营养价值及保健功效。通常，葡萄酒在20℃左右的室温下饮用为宜。

葡萄酒对温度很敏感，其口味容易受到温度的影响，所以尽量不要用手部去触碰酒瓶，取酒时可用拇指顶住瓶底，食指尖轻压瓶身以保持平衡，这样可以保证手心的温度不会传递到瓶身。

葡萄酒放置时间长了底部会有一点沉淀，这些沉淀如果混入酒液一起饮用会降低酒的口感，所以倒酒时用力要均匀柔和，避免摇动瓶身，导致瓶底的沉淀泛起。

饮用葡萄酒时可将杯子轻轻摇动，这样葡萄酒会完全醒出来，使酒香充分散发出来，酒的味道也会更加醇厚。

Part 2 世界高端洋酒品鉴
洋酒品类

2. 冰镇饮

通常，红葡萄酒净饮为佳，白葡萄酒则既可以净饮，也可以冰镇饮用，特别是酒龄高于5年的白葡萄酒，这种白葡萄酒在低温下饮用时味道更容易被激发出来。通常饮用白葡萄酒时，可在冰箱中冰镇2小时左右。

（二）品鉴方法

1. 观色泽

将盛有葡萄酒的酒杯倾斜45°，在白色台布的掩映下，从上往下观察杯中葡萄酒的色泽。白葡萄酒的色泽变化不大，而红葡萄酒的色泽就有很明显的变化。通常酒的色泽偏浅表明酒的结构轻，里面含有的葡萄精华少，当然也有例外，黑皮诺酿出的红葡萄酒的色泽就偏浅。带有深浓色泽的红葡萄酒的酒质比较丰厚，如果酒的色泽过深，甚至已经到了不透明的程度，则代表这种酒含有较高的酒精度数，这样的葡萄酒蕴含的精华多，具有浓烈的单宁和果味。

通过观察色泽也能看出葡萄酒的年龄，就拿红葡萄酒来说，酒的边缘呈现鲜亮的紫色，证明此款酒还没有完全成熟；呈李子般的深红色，则证明此款酒正处于过渡期；

Part 2 世界高端洋酒品鉴
洋酒品类

呈铁锈般的色泽，则证明此款酒已经成熟。老酒的边缘会呈现出深浓的桃花心木的色调；太老时，会呈现带有疲态的茶棕色。

2. 看挂杯

挂杯就是摇晃酒杯时酒沿杯壁流下形成的酒痕。通常，通过观察挂杯可以看出酒的浓稠度。一般来说，酒沿着杯壁流下的速度越慢，则证明酒越浓稠，酒质越好。不过，有的葡萄酒因为人工添加了酒精和甘油成分，也会出现挂杯的情况，这时只看挂杯难以辨别酒的品质，还需要亲自品尝酒的味道来进行识别。年轻的葡萄酒里带有泡沫，通常为二氧化碳；老的葡萄酒如果出现此现象则多是因为放的时间过久，酒的结构已经涣散了。

3. 闻香气

葡萄酒美好的色泽就好比人姣好的容颜,而葡萄酒迷人的香气就好比一个人特有的气质。气质好,自然更具吸引力。

通过闻酒的香气可以辨别酒的等级。闻香时,通常先举杯靠近鼻子,凝心聚神去闻香,这时我们会获得对酒香类型、强度的第一印象,这时的酒香是微弱的。接着手持杯柄迅速摇晃,让香气逐渐散发出来,然后深而短地嗅闻一下,这时一股淡淡的果香便逐渐被辨识出来,在摇晃杯子时,香气会更加明显。

无论哪款葡萄酒都少不了果香。红葡萄酒多含有深色浆果香,白葡萄酒则以水果香为主,也有一些带有特殊香味的葡萄酒,如年轻的长相思葡萄酒常含有黑仑子树芽的香气。一瓶优质葡萄酒的香味柔和又充满层次,且会渐次释放,芬芳萦绕杯中持久不散。

4. 品尝

人们闻到葡萄酒的迷人香气后,便会忍不住想要品尝一口。将酒液啜一小口,用口腔将酒液温热,使各种香味渐渐逸出,然

Part 2 世界高端洋酒品鉴 — 洋酒品类

后让酒液漫过舌面，在口腔里慢慢滑动，用舌尖、舌面和舌根感受丝绸般的酒液所蕴含的甘甜、酸涩乃至微苦。

通常，红葡萄酒含有比较重的单宁，口腔和牙齿会明显感到被单宁特有的酸涩感包裹。不过，优质的葡萄酒单宁平衡得也好，不仅不会有酸涩感，还会具有珍珠般圆滑紧密、丝绸般华润缠绵的极致口感，令人回味无穷。

蒸馏酒类

白兰地

一、认识白兰地

白兰地这一名词，最初是从荷兰文Brandewijn而来，它的意思是"可燃烧的酒"。从狭义来讲，它是指葡萄发酵后经蒸馏而得到的高度酒精，再经橡木桶贮存而成的酒，相当于中国的"烧酒"。

（一）白兰地的历史起源

关于白兰地的起源，荷兰人功不可没。早在12世纪，法国干邑地区生产的葡萄酒就已经在欧洲各国畅销，外国商船经常来法国沿海口岸购买葡萄酒。可是，当时贸易地区经常发生战争，葡萄酒常因为贸易中断而变质，给葡萄酒商人带来损失。这时，有一位聪明的荷兰商人为了防止葡萄酒变质，采用当时的蒸馏技术，将葡萄酒液高度浓缩后，装到木桶里面，然后再转运到荷兰各地。等到销售时，商人再通过兑水稀释降低酒精浓度的方法出售，这样酒不

Part 2 世界高端洋酒品鉴 / 洋酒品类

但不会变质,成本也降低了,而且,他发现这种经过蒸馏的葡萄酒不兑水,味道更加甘美可口。这种酒在橡木桶内贮存时间一久,酒色也从原来的无色透明变成了美丽的琥珀色,且香味更加持久浓郁,味道更加醇和。从此,人们越来越喜欢这种高浓度的烈酒。这便是白兰地的由来。

荷兰商人将这种酒销往英国的时候,将"可燃烧的酒"缩写为"白兰地(Brandy)"。从此,白兰地的名字开始在世界传播开来。

(二)白兰地的原料

通常,以葡萄为原料的蒸馏酒叫葡萄白兰地,常讲的白兰地,都是指葡萄白兰地。以其他水果为原料酿成的白兰地,应加上水果的名称,如苹果白兰地、樱桃白兰地等,但它们的知名度远不如前者。

苹果白兰地是将苹果发酵后压榨出苹果汁,再加以蒸馏而酿制成的一种水果白兰地。苹果白兰地主产于法国的北部和英国、美国等地,这些地方也是世界上的苹果主产地。而世界上最为著名的苹果白兰地是法国诺曼底的卡尔瓦多斯生产的,被称为"Calvados"。该酒呈琥珀色,光泽明亮,酒香清芬,果香浓郁,口味微甜,酒度为40°~50°。一般法国生产的苹果白兰地需要陈酿10年才能上市销售。樱桃白兰地使用的主原料是樱桃,酿制

Part 2 世界高端洋酒品鉴

洋酒品类

时必须将其果蒂去掉，将果实压榨后加水使其发酵，然后经过蒸馏、酿藏而成。它的主要产地在法国的阿尔萨斯（Alsace）、德国的斯瓦兹沃特（Schwarzwald）、瑞士和东欧等地区。

另外，在世界各地还有许多以其他水果为原料酿制而成的白兰地，只是在产量、销量和名气上没有以上那些白兰地大而已，如李子白兰地（Plum Brandy）、苹果渣白兰地等。

（三）白兰地的产地

白兰地通常被人称为"葡萄酒的灵魂"。世界上生产白兰地的国家很多，但以法国出品的白兰地最为驰名。而在法国产的白兰地中，尤以干

Part 2 世界高端洋酒品鉴
洋酒品类

邑地区生产的白兰地最为优美，其次为雅文邑（亚曼涅克）地区所产白兰地。除了法国白兰地以外，其他盛产葡萄酒的国家，如西班牙、意大利、葡萄牙、美国、秘鲁、德国、南非、希腊等国，也都生产一定数量风格各异的白兰地。独联体国家生产的白兰地质量也很好。

二、白兰地的种类

1. 法国干邑

对于一些著名的白兰地产区,产区的名字便是白兰地酒种的名称。干邑这个名字既是白兰地的著名产区,也是世界上最著名的白兰地酒种,被称为"白兰地之王"。

干邑位于法国西南部,是夏朗德省(Charentes)境内的一个古老小镇。该地区按照土质的不同可分为6个葡萄种植区,分别是大香槟区(Grande Champangne)、小香槟区(Petite Champangne)、边缘区(Borderies)、植林区(Fins Bois)、优等

Part 2 世界高端洋酒品鉴 / 洋酒品类

植林区（Bons Bois）和一般植林区（Bois ordinaires），其中以大香槟区和小香槟区的葡萄酿造的干邑口味最佳。

时至今日，干邑已经有6000多家葡萄园主和上百名蒸馏酒专家从事白兰地的酿制工作。世界著名的白兰地，如轩尼诗（Hennessy）、拿破仑（Courvoisier）、人头马（Rémy Martin）、马爹利（Martell）等的总部都设在这里。

091

2. 法国雅文邑

雅文邑是中国港澳地区的译音,通常译为亚曼涅克。雅文邑位于法国西南部,邻近干邑产区。雅文邑白兰地和干邑白兰地一样,也是最早以产地命名的白兰地,它们酿酒所采用的葡萄也大致相同。不过,雅文邑与干邑所产的白兰地在口味上略有不同,这主要是因为二者酿制的过程不同。干邑白兰地要经过两次蒸馏,初次蒸馏和第二次蒸馏是分开进行的,而雅文邑白兰地只经过一次蒸馏。另外,干邑白兰地是贮存在利莫辛(Limousin)木桶中,而雅文邑白兰地是贮存在黑橡木酒桶中。雅文邑白兰地酒液呈美丽的黑琥珀色,香气浓郁悠长。曾有人这样评价:"干邑是都会型的白兰地,雅文邑是有田园风味的白兰地。"

除干邑和雅文邑以外的任何法国葡萄蒸馏酒统称为白兰地。这些白兰地在生产、酿藏过程中因政府对其没有太多的硬性规定,所以一般不需经过太长时间的酿藏即可上市销售,其品牌种类较多,价格也比较低廉,质量不错,外包装也非常讲究,在世界市场上很有竞争力。法国白兰地在酒的商标上常标注"Napoleon"(拿破仑)和"XO"(特酿)等以区别其级别。

3. 法国玛克白兰地

法国玛克（Marc）白兰地属于果渣白兰地，它是将酿制红葡萄酒时经过发酵后过滤掉的葡萄果肉、果核、果皮残渣进行再加工酿制而成的蒸馏酒品。这些经过发酵后的果渣酒精含量较高，经过再次蒸馏、提炼、橡木桶的酿藏，生产出的蒸馏酒品风味独特。玛克白兰地在法国许多著名的葡萄酒产地都有生产，其中以勃艮第（Bourgogne）、香槟（Champagne）、阿尔萨斯（Alsace）等生产的较为著名。勃艮第是玛克白兰地最著名的产区，该地区所产的玛克白兰地在橡木桶中要经过多年陈酿，最长的可达10余年之久。香槟地区与其相比就稍有逊色，而阿尔萨斯地区生产的玛克白兰地则不需要在橡木桶中陈酿，因此该酒具有香味强烈和无色透明的特点。此外，阿尔萨斯地区生产的玛克白兰地要放在冰箱中冰镇后再饮用。

玛克白兰地著名的品牌有 Domaine Pierre（皮耶尔领地）、Camus（卡慕）、Massenez（玛斯尼）、Dopff（德普）、Leon Beyer（雷翁·比尔）、Gilbert Miclo（吉尔贝特·米克）等。

4. 美国白兰地

美国白兰地以加利福尼亚州的白兰地为代表。200多年以前，加利福尼亚州就开始蒸馏白兰地。到了19世纪中叶，白兰地已成为加利福尼亚州政府葡萄酒工业的重要附属产品。这里产的白兰地通常要在白色橡木桶中贮存2年以上，有的会加焦糖调色。主要品牌有E&J、Christian Brothers（克利斯丁兄弟）、Guild（吉尔德）等。

美国还生产一种以苹果为原料的苹果白兰地，其中最著名的要数杰克苹果（Apple Jack）白兰地。制作时，要将熟透的苹果进行发酵，直至不含任何糖分为止，再经过蒸馏浓缩，然后在橡木桶中陈酿而成。

5. 西班牙白兰地

西班牙白兰地有着悠久的历史，相较于法国白兰地，西班牙白兰地酒品更加丰满，具有浓烈的水果香气。西班牙白兰地多用来作为生产杜松子酒和香甜酒的原料，主要品牌有 Carlos（卡罗斯）、Conde de Osborne（奥斯彭）、Fundador（芬达多）、Magno（玛格诺）、Soberano（索博阿诺）、Terry（特利）等。

位于西班牙西南部的赫雷斯不仅以酿造雪利酒著

称,同样也是白兰地的著名产地。与其他地区酿制白兰地的方式不同,赫雷斯酿制白兰地使用的是酿制雪莉酒的木桶。使用这种桶酿制出来的白兰地在颜色和风味上都或多或少地受到雪莉酒的影响,酒味略甜且带有泥土的味道,这也是它的一大特色。赫雷斯白兰地可以说是雪莉酒厂的衍生品,著名品牌有卢士涛(Lustau)、传统酒庄(Bodegas Tradicion)、冈萨雷斯·比亚斯(Gonzalez Byass)等。

6. 意大利白兰地

意大利是生产和消费白兰地的大国，其出口白兰地的数量也相当可观。意大利名品白兰地有 Buton（布顿）、Stock（斯托克）、Vecchia Romagna（维基亚·罗马尼亚）等。

意大利还有一种名叫 Crappa（格拉帕）的白兰地，这是一种用葡萄渣酿制成的优质白兰地。在意大利，光格拉帕的品牌就有 2000 多个，生产这些品牌的大部分酿制厂商集中在意大利北部，采用单式蒸馏器进行蒸馏酿制。格拉帕分为普及品和高级品两种类型：普及品由于没有经过陈酿，色泽无色透明；高级品一般

Part 2 世界高端洋酒品鉴
洋酒品类

要在橡木桶中经过 1 年以上的酿造，因此色泽略带黄色。格拉帕著名的品牌有 Ania（安妮）、Capezzana（卡佩扎纳）、Barbaresco（巴巴莱斯科）、Nardini（纳尔迪尼）、Reimandi（瑞曼迪）等。

除此之外，还有德国 [Asbach（阿斯巴赫）]、葡萄牙 [Cumeada（康梅达）]、希腊 [Metaxa（梅塔莎）]、亚美尼亚 [Noyac（诺亚克）]、南非（Kwv）、加拿大 [Ontario（安大略小木桶）、Guild（吉尔德）]等国家也都生产质量较好的白兰地。我国在 1915 年"巴拿马太平洋万国博览会"上获得金奖的张裕金奖白兰地也是比较好的白兰地品牌。

三、世界名品白兰地鉴赏

1. 马爹利金牌（Martell VSOP Médaillon）

马爹利家族自 1715 年起，便开始酿制品质优良的干邑白兰地。时至今日，马爹利各级干邑白兰地已誉满全球。酿制干邑，除了要获得干邑鉴赏家称誉，更需为不同口味的人提供不同等级的佳酿。马爹利家族拥有丰富的传统经验及庞大的藏酒量，故能保持酒质超卓，始终如一。

马爹利金牌是法国四大干邑产区佳酿调配的结晶，诞生于 1840 年，独享路易十四金像，充溢皇室气派，口感优雅、醇厚，适合加冰和调制鸡尾酒。

Part 2 | 世界高端洋酒品鉴
洋酒品类

2. 马爹利蓝带（Martell Cordon Bleu）

被全球众多干邑鉴赏家奉为经典，1912 年由爱德华·马爹利精心调制创造的马爹利蓝带，凭借其独树一帜的口感、外观和定位，已成为干邑中的传奇。

3. 马爹利 XO

积累八代珍贵酿酒经验，精选上佳葡萄，经悉心调酿而成的马爹利 XO，成为马爹利家族 280 多年酿酒艺术的结晶，XO 中之极品。

4. 金王马爹利（Martell L'OR）

马爹利家族最荣耀辉煌的醇酿之一，由马爹利最好的"生命之水"精酿而成，每一种都有半个世纪以上的历史，堪称滴滴珍贵。金王马爹利的酿制、醇化过程特别复杂，而且它的水晶酒瓶，从瓶盖到瓶身上端选用 24k 纯金，充分体现这款酒正如纯金一般历经千锤百炼。金王马爹利是少见的强劲干邑，适合具有非凡意义的重大场合。

Part **2** 世界高端洋酒品鉴
洋酒品类

5. 人头马（RÉMY MARTIN）

人头马白兰地由法国夏朗德省科涅克地区有 270 多年历史的雷米·马丹公司生产，因其商标上有一匹人头马而得名。人头马白兰地醇正平和、香味浓郁、色泽鲜亮，按贮藏年代长短不同可分成几种，其中贮藏时间最短的"上等陈酿"也在 6 年以上，而在酒窖里度过 50 年漫长岁月的"路易十三"则被视为"人头马"中的极品。

人头马特级干邑名贵超凡，为至尊绅士俱乐部的专用饮品。本品丰润醇厚，为精英人士之选。它散发着阳刚之气，成熟而厚实，足以以酒鉴人。其富含果香，活力十足，易于搭配，具有多种饮法。

Part 2　世界高端洋酒品鉴
洋酒品类

6. 人头马天醇 XO（Rémy Martin X.O）

特优香槟干邑，香味甘醇浓郁，不虚其名，用酒龄为 10~37 年的干邑配酿而成（法律规定 7 年酒龄），其中 85% 为产自大香槟区的干邑。

饮之口感圆润甘醇，回味悠长，带有馥郁的果香（成熟无花果以及汁液饱满的李子），透出肉桂、奶油太妃糖和甘草的香味。

至尊极品，酒龄悠长，适宜净饮，亦可稍加冷藏或加冰块饮之。可配餐前肥肝酱或餐前巧克力甜点，亦可作为良宵结束之点缀。

7. 人头马远年特级（Rémy Martin Extra Perfection）

特优香槟干邑之精粹，含有 90% 的大香槟区干邑，酒龄均为 20~50 年。酒味高雅细腻，和谐醇厚，实为高雅享受。

该酒散发着藏红花、檀香木、胡桃、肉豆蔻及雪茄盒香味。可净饮或配上乘雪茄。干邑搭配雪茄曾在 19 世纪风靡一时，当时的威尔士王子以及后来的爱德华三世喜欢晚宴之后在美女的陪伴之下，边抽雪茄边品啜干邑，而非与男士一起坐在港口边长时间泡饮。

极致高雅、强劲细腻、甘醇浓郁的人头马远年特级宜细品慢啜，其均衡至极的香味令人回味无穷。

8. 人头马路易十三（Rémy Martin Louis XIII）

干邑之最，莫不推路易十三，其堪称酒品之王，极品之精神化身。路易十三是酒窖大师酿酒艺术的极致表现。由千种 40~100 年的精选"生命之水"调制而成，陈放于 100 多年的橡木酒桶中。

路易十三乃举世无双之佳品，集众多罕见香味于一体，其中包括没药、果脯、西番莲、蜂蜜等香味。登峰造极的香味组合，饮之口感回味可持续一个多小时，令人过口难忘。

Part **2** 世界高端洋酒品鉴
洋酒品类

9. 轩尼诗·李察（Richard Hennessy）

轩尼诗是LVMH集团（Louis Vuitton Moët Hennessy）旗下的顶级品牌，由爱尔兰人李察·轩尼诗先生始创于1765年，是世界上第一的干邑品牌，拥有世界规模最大的陈年"生命之水"酝藏。轩尼诗秉承其家族对酿制干邑一丝不苟、力臻完美的优良传统，严格控制生产的每一个环节，并贯彻轩尼诗之原创精神，例如以"星"来划分干邑的等级，就是源自轩尼诗。此外，被誉为世界酒坛创举的XO级干邑，亦是由轩尼诗于1870年首创，为高级干邑之标准。

轩尼诗·李察干邑白兰地是轩尼诗家族的灵魂，销售中的世界顶级干邑。该酒由珍藏200多年的"母本"葡萄烧酒与其他不同年份的葡萄烧酒精心酿成，香醇口感令人回味无穷，配以经典别致的水晶瓶，魅力无限。且"母本"葡萄烧酒储藏量超过其他各家，排首位。另外，该酒在产品质量、保证市场需求和开发新品上具有绝对优势。

10. 轩尼诗 V.S.O.P 干邑（Hennessy V.S.O.P cognac）

轩尼诗 V.S.O.P 干邑源自 19 世纪英国王室特供，以 60 余种出自法国干邑地区四大顶级葡萄产区的"生命之水"（Ceaux-de-vie）酿制而成，于 19 世纪末成为整个干邑世界的品质标准。轩尼诗 V.S.O.P 干邑拥有和谐而含蓄的滋味，酒质细腻，散发着高雅成熟的魅力。世界上越来越多的轩尼诗 V.S.O.P 爱好者在其中加入苏打水或干姜水调和冰块饮用，引领干邑特饮的时尚潮流，此中乐趣令人欲罢不能。

11. 轩尼诗·杯莫停（Hennessy Paradise）

　　轩尼诗·杯莫停特别为追求卓越酒质的人士酿造，酒味非凡，深邃丰饶，醉人而妩媚，极富现代感的水晶玻璃酒瓶散发华贵气质。一般干邑自当莫及。轩尼诗·杯莫停蕴含酒库中极陈年的"生命之水"，味道独特，至香至醇；经典流线型瓶身设计古典隽永，个中处处，皆令人杯酒莫停。

Part 2 世界高端洋酒品鉴
洋酒品类

12. 轩尼诗 X.O 干邑（Hennessy X.O Cognac）

纯以干邑区中心地带大香槟区的几千种精选"生命之水"调制而成，堪称最上乘的干邑。此干邑散发出独特的香味，口中余味可维持极长的时间。轩尼诗 X.O 干邑馥郁芬芳，酒味醇厚，色泽明亮金黄，果香味软滑柔和，陈酿 15~30 年，与陈酿 48 年的轩尼诗 V.S.O.P 一起被崇尚时尚的普通消费者所喜爱。

13. 拿破仑 V.S.O.P（Courvoisier V.S.O.P）

拿破仑（Courvoisier）干邑是由爱曼奴尔·库瓦西耶（Emmanuel Courvoisier）和路易·加卢瓦（Louis Gallois）共同创立的，音译为库瓦西耶。19世纪初，爱曼奴尔·库瓦西耶来到巴黎，遇到路易·加卢瓦——一个成功的酒商。他们合伙做生意，成功争取到给宫廷供酒的特许。1811年，拿破仑访问他们在伯斯（Bercy）的酒厂，请他们供应干邑给他。后来，拿破仑被流放到圣海伦岛时，把库瓦西耶干邑放到英舰"诺森伯兰郡"号以随行。拿破仑始终都是法国人心目中的英雄，因此，很多法国人引以为傲的东西均以拿破仑命名，所以人们称这种白兰地为拿破仑白兰地。如今，拿破仑的剪影是所有库瓦西耶干邑的标志。

此邑成熟而馥郁醇厚，特别为亚洲地区的鉴赏家酿制，创新的酒瓶设计夺目耀眼，装潢华丽出众。提醒你在享受酒香的同时，不要忘记用一个精致的白兰地酒杯，它会让你的体验更加酣畅淋漓。

Part 2 世界高端洋酒品鉴 洋酒品类

14. 拿破仑金尊 V.S.O.P（Courvoisier V.S.O.P Exclusif）

"金尊"得名于其调和中产量最少、最稀有的边缘区的"生命之水"。边缘区独特的异域风情，偕同优林区的芬芳果味以及大小香槟区的精致典雅，让拿破仑金尊 V.S.O.P 干邑口感丰富多变，具有强烈的时代气息，深邃醇和，别具一格。

15. 拿破仑 XO（Courvoisier XO）

拿破仑 XO 被鉴定为世界上最好的 XO，是选用大小香槟区及边缘区的干邑酿制而成的，芳香扑鼻、丰厚圆浑，酒质幽滑如丝。其在多次干邑比赛中，独占 XO 级别鳌头，荣获酒类大赛冠军的最高荣誉。酒瓶设计亦华贵大方，瓶身宛如一滴晶莹剔透的香水，更彰显其尊贵品质。

Part 2 世界高端洋酒品鉴
洋酒品类

四、白兰地的品尝之旅

（一）品饮方式

1. 净饮

在不添加任何辅助饮料的情况下，净饮白兰地，可以品味出白兰地更加纯粹的味道和酒香。净饮白兰地，最好选用珍品和极品级别的白兰地，如 X.O 级白兰地。因为高级别的白兰地通常在橡木桶里历经十几个春秋的洗礼和沉淀，酒味浓厚香醇，品味起来更有韵味。净饮白兰地要选用"窄口酒杯（Snifter）"，

因为杯口较窄,能更好地凝聚香气,使其持久不散。由于白兰地在温热的状态下香味更加饱满浓郁,品饮时用手或者热水温暖下酒杯口味最佳。

2. 加水加冰

加水或加冰饮用白兰地时,虽然酒香不如净饮时浓郁,但是对于喜欢清淡或冰冷爽口感觉的人来说,也不失为一个好的选择。对于V.O级或V.S级白兰地,如果直接饮用,难免有一种酒精的辛辣刺激感,而加入水或冰块后,酒精被稀释,刺激感减弱,且风味尚佳。特别是加水的白兰地,酒香华丽、质地温柔,很适合女性饮用。

3. 加饮料

白兰地中加入碳酸类饮料,如可乐、苏打水等,风味会更加独特。这种品饮方式适合选用酿造年份较短的白兰地。在往白兰地中注入碳酸饮料时,要沿着杯子边缘壁缓缓地注入,以避免饮料接触到杯中的冰块而气泡消失。白兰地也可以在冬天掺热茶饮用,这样不但能保持白兰地的色香味以及酒体的丰满程度,还能降低酒的度数,减少酒精对胃的刺激。

（二）品鉴方法

品味白兰地不能心急，开瓶后，最好静置一会儿，令其与空气充分接触后再饮用，也就是我们常说的醒酒。经过醒酒的白兰地，口感会更加圆润、容易饮用。再者，品尝白兰地时，倒入酒杯的量不要太多，最好控制在 25% 以下，这样不仅可以为酒香留出足够的散发空间，还能更好地品鉴白兰地不同时长、不同强弱的各种芳香成分。

1. 观色泽

拿起白兰地酒杯在有光亮的地方，对着光源仔细地观察白兰地的色泽以及清澈程度。好的白兰地应该是澄清晶亮，充满诱人光泽。

Part 2 世界高端洋酒品鉴
洋酒品类

2. 看挂杯

将盛有白兰地的酒杯倾斜约45°,然后慢慢地转动一周,随即将杯身立直,让酒液沿着杯壁慢慢地滑落。此时,杯壁上会呈现俗称"酒脚"的纹路,就像美女舞动时轻灵的腿部所呈现出来的美丽舞姿,其滑动的速度越慢,证明酒的品质越高。

3. 闻香

将酒杯由远及近慢慢地移动,当恰好能嗅到白兰地的酒香时停止,这时嗅到的香气为白兰地的前香,闻到前香的距离越远证明香气的强度越高。然后,轻轻地摇动酒杯,再次慢慢地靠近鼻子,最后在杯口处深闻一下酒气,以辨识各种香气的特征,这可以确定酒香的持久力。

这时散发出来的优雅醇香为白兰地的后香。白兰地的芳香成分很复杂,既有优雅的葡萄果香、浓郁的橡木香,也有因蒸馏和贮藏留下的酯香和陈酿香。

4. 品尝

品尝好的白兰地要从舌尖开始,先含一口醇酒在舌间滑动,再让酒液顺着舌的边缘流动到舌根,然后让酒液在口中慢慢地滑动,最后在酒液入喉时趁势吸气咽下,这样醇美厚实的酒味随即散发出来。如果再用鼻子深闻一次,白兰地所有的精华都将萦绕于口鼻舌喉之间。白兰地的香味成分同样复杂,有乙醇的辛辣味、单糖的微甜味、单宁多酚的苦涩味以及有机酸成分的微酸味等,醇和甘洌、沁润绵延、细腻丰满、醇正协调……各种感觉交互融合、相得益彰,令人回味无穷。

Part 2 世界高端洋酒品鉴 洋酒品类

威士忌

一、认识威士忌

威士忌（Whisky）有一个非常形象的称呼——"生命之水"。也许威士忌无法给人多一次的生命，但它肯定能够让生命变得更为精彩，如闪亮的钻石一般，总是在时光的流水中安静地散发光芒。这也许就是对如此美丽称呼的最好诠释了。

二、威士忌的种类

1. 苏格兰威士忌（Scotch Whisky）

1988年，英国颁布威士忌法，规定"苏格兰威士忌"必须在苏格兰当地的蒸馏酒厂中完成所有的酿造过程，包括以水浸泡大麦（或其他谷物），使之发芽，麦芽内产生酵素，接着加入酵母使其发酵。蒸馏出来的原酒，酒精浓度在94.8%以下，由于制造原料及蒸馏方法不同，会有不同的芳香及风味。口感粗糙的原酒必须装入容积700升以内的橡木酒桶中，放置贮存至少3年，在此过程中，不能添加除水、烈酒及焦糖以外的任何东西。

苏格兰威士忌以麦类及谷类为原料，再上泥煤燃烧烟熏，通常在口感表现上有种特殊的果香味，

Part **2** 世界高端洋酒品鉴
洋酒品类

另外还带有花蜜香及烟熏的口感。其与其他威士忌最主要的不同在于泥煤所展现的特殊风味。由于经过泥煤燃烧熏过，酒质更加强烈。以泥煤为燃料是苏格兰威士忌的特征，一边慢慢地让麦芽干燥，一边使泥煤烟味渗入威士忌中，产生独特的气味。

2. 爱尔兰威士忌（Irish Whisky）

爱尔兰岛分为两部分：一处为爱尔兰共和国，另一处为北爱尔兰。不过，只要是这两部分所生产的威士忌，均称为爱尔兰威士忌。

爱尔兰威士忌与苏格兰威士忌的制造过程大致相同，只不过在熏麦芽这个步骤中，爱尔兰威士忌所采用的不是苏格兰威士忌惯用的泥煤，而是无烟煤，因此没有浓烈的烟熏味，而且没有草炭的味道。

爱尔兰威士忌在制造过程中使用大型的单式蒸馏器分三个阶段蒸馏后，以木桶长期贮藏成熟。因其制造方式不同，在味道的表现上也迥然不同。一般来说，爱尔兰威士忌的口感较为温润，带有芳香。

Part 2 世界高端洋酒品鉴
洋酒品类

3. 美国威士忌（American Whisky）

根据美国联邦酒精法，美国威士忌的定义为："以谷物为原料，蒸馏后酒精浓度在95°以下，经橡木桶熟成，酒精浓度达40°以上的瓶装酒。"

一般来说，美国威士忌通常是用玉米加上裸麦及大麦等原料制成的，其中以波本威士忌最受欢迎。含玉米成分51%以上的波本威士忌，风味有别于其他以麦类为原料的威士忌，味道强劲浑厚。其所散发出的独特香气和风味，是波本威士忌在熟成的时候，使用内侧焦黑的木桶贮藏所致。含玉米成分达80%以上的玉米威士忌，更能保有玉米的特色，产生一股风味柔和的芬芳。

4. 加拿大威士忌（Canadian Whisky）

加拿大威士忌"以谷物为原料，经酵母发酵，在加拿大蒸馏，贮存在小木桶中（180升以下）最少3年"。其所使用的原料为玉米、裸麦和大麦麦芽3种，如裸麦使用超过51%，可在酒标上加注"裸麦威士忌（Rye Whisky）"。

在风味上，加拿大威士忌是世界五大威士忌中最为稳重、最为均衡的，其中用裸麦和谷物威士忌调配而成的混合威士忌，有着清淡雅致的口感，十分受各国人士喜爱。

5. 日本威士忌（Japanese Whisky）

日本威士忌的历史并不长，从20世纪20年代开始，约有100年的时间，却创造出风味独特的新兴品牌。

日本威士忌主要以苏格兰威士忌为仿效对象，在酒厂设备及酿酒技术上皆以苏格兰威士忌为师，或派人到苏格兰酒厂学习酿酒技术，或特地聘请当地专家到日本指导，甚至还进口泥煤，以期能够达到苏格兰威士忌的风格。虽然如此，日本威士忌和苏格兰威士忌相比，还是缺少了那股烟熏的泥煤味，在口味上也较温和平顺，不若苏格兰威士忌浓烈。对于初次品尝或是偏好清爽口味的酒客，日本威士忌是一个挺不错的选择。

三、世界名品威士忌鉴赏

1. 芝华士（Chivas）

发源地：英国。

品牌介绍：

芝华士品牌由詹姆斯·芝华士（James Chivas）和约翰·芝华士（John Chivas）兄弟二人于1801年在苏格兰阿伯丁（Aberdeen）创办。其出产的芝华士12年（Chivas Regal 12 Years）以口感醇厚、丰满、柔和以及散发着浓郁的水果芳香享誉全球。芝华士兄弟为了庆祝英国女王伊丽莎白二世加冕而于1953年特别酿制的皇家礼炮21年（Royal Salute 21 Years）更是尊贵的极品。

2. 尊尼沃克（Johnnie Walker）

发源地：英国。

品牌介绍：

尊尼沃克家族自1820年创业以来，其产品"黑方（Johnnie Walker Black Label）""红方（Johnnie Walker Red Label）"和"蓝方（Johnnie Walker Blue Label）"，酒质独特，醇厚芳香，在国际上屡获殊荣，为威士忌鉴赏家首选。此外，尊尼沃克"尊爵（Premier）"极品威士忌融汇了超过170年的酿酒技术，馥郁醇厚，特别适合亚洲人的口味。"尊爵"拱门瓶设计高贵古雅，由于产量有限，每瓶均注明编号，尤为珍贵。

3. 帝王（Dewar's）

发源地：英国。

品牌介绍：

帝王威士忌自1846年创始以来，在全球享誉无数。其酒体呈深琥珀色，口味从丰富的香甜果味渐渐过渡到圆滑温和的口感，并带有一丝橡木味。

帝王12年特级苏格兰威士忌作为一款高级混合型威士忌，赢得了全球品酒人士的青睐及赞誉。

4. 百龄坛（Ballantine's）

发源地：英国。

品牌介绍：

始创于 1827 年的苏格兰顶级威士忌珍品百龄坛，由乔治·百龄坛（George Bellantine）先生在苏格兰首都爱丁堡创办，并于 1937 年获得了象征至高荣耀的皇家徽章，被称为"苏格兰贵族中的贵族"。百龄坛拥有从特醇到 12 年、17 年、21 年、30 年等全系列的威士忌产品，而且每一系列均在全球备受欢迎，是真正懂得鉴赏的社会精英和优雅人士的心仪之选。

5. 麦卡伦（The Macallan）

发源地：英国。

品牌介绍：

麦卡伦是世界上最珍贵的威士忌，出品于麦卡伦酒厂——创立于1824年，是苏格兰高地斯配塞（Speyside）地区最早获得许可的酿酒厂之一，其产品酿造历史已经超过300年。

麦卡伦采用古老珍贵麦种Golden Promise大麦，其高昂的种植成本令其他酿酒商止步不前，唯麦卡伦坚信它才可使酿出的威士忌口感醇和，香氛浓郁。

麦卡伦推出的全新包装系列有12年佳酿、18年佳酿、25年佳酿及30年佳酿等年份酒。其中，18年佳酿芳香醇厚，饱含丰富的干果、香料、丁香、香橙与熏木味，曾被Robb Report（《罗博报告》）评价为"世上最佳的威士忌"。

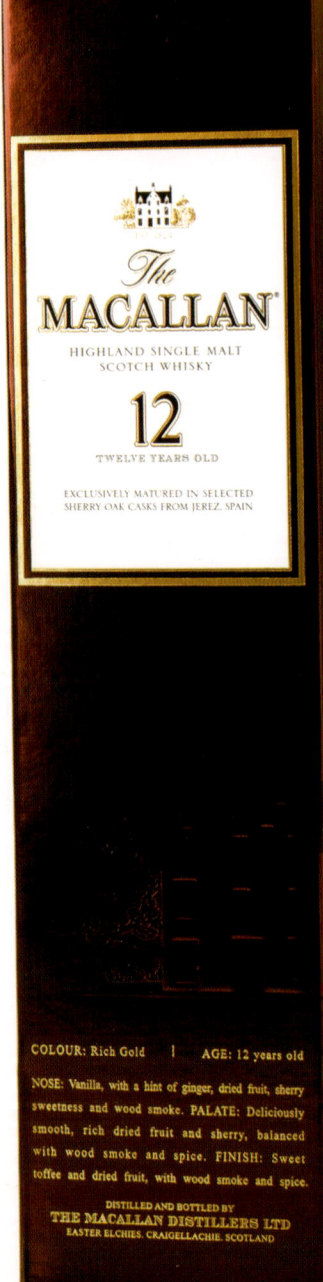

Part 2 洋酒品类 — 世界高端洋酒品鉴

6. 杰克丹尼（Jack Daniel's）

发源地：美国。

品牌介绍：

杰克丹尼酒厂1866年诞生于美国田纳西州（Tennessee State），是美国第一家注册的蒸馏酒厂。

杰克丹尼由最上等的玉米、黑麦及麦芽等全天然谷物，配合高山泉水酿制，不含人造成分；采用独特的枫木过滤方法，用新烧制的美国白橡木桶贮藏，让酒质散发天然独特的馥郁芬芳。

杰克丹尼作为世界知名的酒类品牌，曾取得全美销量第一、全球销量第四的成绩，多年来高居全球、美国威士忌销量榜首。

7. 占边（Jim Beam）

发源地：美国。

品牌介绍：

占边波本威士忌即占边威士忌，始于1795年，历经占边家族七代酿酒师，始终保持产品的最高品质，并成为全世界和全美销量第一的波本威士忌。占边威士忌产品种类丰富，旗下囊括70多个世界知名品牌，产品畅销全球，其中以占边波本威士忌最为著名。

8. 皇冠（Crown Royal）

发源地：加拿大。

品牌介绍：

皇冠威士忌是加拿大威士忌的超级品，以酒厂名命名。其著名产品有裸麦威士忌（Rye Whisky）和混合威士忌（Blended Whisky）。皇冠威士忌口味细腻，酒体清新淡雅，酒度40°以上。为纪念英皇乔治六世（King George VI）及玛利皇后（Queen Mary）访问加拿大而配制的皇冠威士忌，是目前世界上最畅销的优质加拿大威士忌。

9. 威雀（The Famous Grouse）

发源地：英国。

品牌介绍：

18世纪末，麦修·格洛（Matthew Gloag）家族于苏格兰皮尔斯（Perth）创立了一家独树一帜的烈酒制造厂，其中最具代表性的就是口感异常顺滑的威雀苏格兰威士忌。

每当英国皇室远赴苏格兰狩猎威雀（Grouse）时，必定携带 Gloag 威士忌来御寒及庆祝狩猎成功。至 Gloag 家族第三代（约19世纪末），家族当权者决定将"威雀"（Grouse）作为其威士忌酒的品牌。1842年，金雀苏格兰威士忌（The Famous Grouse Gold Reserve Scotch Whisky）被维多利亚女王指定为皇家宴会用酒。此酒出产于"生命之水"的心脏高地区域，木味与香草味颇为均衡。

10. 珍宝（J&B）

发源地：英国。

品牌介绍：

珍宝是一款混合（Blended）的苏格兰威士忌，始创于1749年，至今已有200多年历史。在欧洲，珍宝威士忌在苏格兰威士忌中排名第一；在全球排名第二，仅次于红牌威士忌（"红方"）。其在全球洋酒中排在第五位。

珍宝威士忌融合了斯配塞（Speyside）地区最好的麦芽威士忌（Malt Whisky），带给人一种超级平滑和高雅的味道，令珍宝威士忌拥有独一无二的口感。

四、威士忌的品尝之旅

人生就像酒,只有细细品味才能品出人生的滋味。没有人愿意在 20 年后蓦然回首之时,竟看不出自己的人生轨迹;同样,当我们喝完杯中的最后一滴酒时,如果不知酒的芬芳从何而来,就会十分遗憾。好酒靠"品",懂得享受生活的人也一定懂得像专家一样去品酒。现在,我们来品尝一下苏格兰威士忌中的珍品黑方(Johnnie Walker Black Label)威士忌——最好的调配高级威士忌。

(一)品饮方式

1. 净饮

净饮(traight)更能让人体会到酒的本香和原始风味,就像"净饮"的字面意思一样,简单直接,却能最大限度地表达出威士忌的真谛。细细品上一口,威士忌的芳醇瞬间溢满整个口腔。这时,不要急于品第二口,最好喝上一口被称为"追随之水"的"Chaser",即饮烈酒后配饮的水、啤酒等,这样不仅更能感受到威士忌的鲜醇,还能冲淡胃液中的酒精浓度,从而避免醉酒。

2. 加水

　　加水堪称世界上最普遍的威士忌饮用方式,即使在苏格兰这样的威士忌名产地,加水饮用仍十分盛行。饮用威士忌使用常温水即可,因为冷水很难将香味激发出来,同时尽量选用水质比较好的矿泉水或与威士忌同一产地的天然水。据研究,当威士忌加水,酒精浓度被稀释到20%时,香气状态最佳。

3. 加冰

　　加冰是一种很时尚的威士忌饮用方式。在一个小矮杯中首先加入一大块冰或冰球,然后将威士忌直接倒入即可饮用。这种加冰饮法又被形象地称为"on the rock",即"在岩石上"的意思。威士忌加冰可以有效锁住威士忌的辛辣味和香气。随着冰块慢慢融化,酒香慢慢释放,回味也更加悠长。不过,对于不胜酒力的人士,不要直接尝试,可以在加水威士忌中加冰。

（二）品鉴方法

1. 看色泽

当我们拿到一杯威士忌的时候，首先应该仔细观察这杯威士忌的色泽。

拿酒杯时应该拿住杯子的下方杯脚，而不能托着杯壁，因为手指的温度会让杯中的酒发生微妙的变化。现在，请在灯光下仔细观察你手中的酒。威士忌的颜色有很多种，从浅琥珀色到深琥珀色都有。威士忌都是存放在橡木桶里的，所以其色泽和在橡木桶里存放时间的长短密切相关。一般来说，存放时间越长，威士忌的色泽越深。

2. 看挂杯

首先，把酒杯慢慢地倾斜。请注意一定要很轻柔、很小心。然后，恢复原状。你会发现，酒从杯壁流回去的时候，留下了一道道酒痕，这就是酒的挂杯。所谓长挂杯就是酒痕流的速度比较慢，短挂杯就是酒痕流的速度比较快。挂杯长意味酒更浓、更稠，也可能是酒精含量更高。

3. 闻香味

威士忌有什么气味呢？烟熏味？水果味？干果味？草香味？"黑方"威士忌是一种混合酒，是带有来自苏格兰南部的香草味、北部的水果味和苏格兰岛

屿地区的烟熏味,以及存放在雪利酒桶里而带来的干果味。想要闻到酒的深层次香味,可以在酒里加适量(酒的1/3)的水,因为水可以把香味带出来,就像下雨后我们在草地上能闻到草的香味一样。

4. 品尝酒

终于可以入口品尝了。你一定尝到了上文说到的四种味道。对于威士忌,千万不要一口干,要先尝一小口,让酒在口齿和舌尖回荡,细细品味各种香味,然后缓缓咽下。

朗姆酒

一、认识朗姆酒

朗姆酒（Rum）又称兰姆酒、火酒，也被称为"海盗之酒"，因为过去横行在加勒比海（Caribbean Sea）的海盗都喜欢喝朗姆酒。朗姆酒是以甘蔗糖蜜为原料生产的一种蒸馏酒。其主要生产过程包括选择特殊的生香(产酯)酵母，加入能产生有机酸的细菌，共同发酵后，再蒸馏陈酿。

朗姆酒是古巴人饮用的一种传统饮料。酿酒大师把以甘蔗蜜糖为原料的甘蔗烧酒装进白色的橡木桶，之后经过多年的精心酿制，产生一种独特的、无与伦比的古巴朗姆酒味道，不仅古巴人喜欢喝，在国际市场上也获得了广泛认可。

最早接受朗姆酒的是那些横行于加勒比海的海盗以及寻找新大陆的冒险家，他们用朗姆酒壮胆，用朗姆酒狂欢，也用朗姆酒给自己的伤口消毒。后来，朗姆酒逐渐进入哈瓦那俱乐部（Havana Club），并且通过经济中心哈瓦那港风靡欧洲。

Part 2 世界高端洋酒品鉴
洋酒品类

二、朗姆酒的种类

朗姆酒具有细致甜润的口感,芬芳馥郁的酒精香气。其酒精含量通常为42%~70%,是世界六大烈酒之一。

朗姆酒按照口味可分为清淡型和浓烈型两种。

清淡型朗姆酒主要产自波多黎各(The Commonwealth of Puerto Rico)和古巴(The Republic of Cuba),类型多样并具有代表性,酒度为45°~50°。

浓烈型朗姆酒以牙买加朗姆酒为代表。

朗姆酒按颜色分类有三种:白朗姆酒、金朗姆酒、黑朗姆酒。白朗姆酒以软化见称;金朗姆酒酒味香甜,是鸡尾酒基酒和调兑其他饮料的原料;黑朗姆酒醇厚馥郁,适合制作点心。

三、世界名品朗姆酒鉴赏

1. 百加得（Bacardí Rum）

所在地：古巴。

品牌介绍：

1862年，唐·法卡多·百加得·马修（Don Facundo Bacardí Massó）在古巴购买了一个锡皮屋顶的酿酒小厂，以自己的名字百加得命名，并以夫人创作的蝙蝠图案作为商标，从此开始了百加得朗姆酒的成名之路。百加得朗姆酒以口感柔和、清淡滑爽的独特风味，以及蝙蝠这一极具灵性的标识迅速深入人心，成为备受人们青睐的朗姆酒之一。

2. 摩根船长（Captain Morgan）

发源地：英国。

品牌介绍：

摩根船长是世界著名朗姆酒品牌，也是全球最大的洋酒公司帝亚吉欧（Diageo）旗下的著名品牌之一。这款富有强烈岛国风味的朗姆酒，名字来源于一名做过海盗的牙买加总督。摩根船长朗姆酒各具特色：摩根船长金朗姆酒酒味香甜，摩根船长白朗姆酒以软化见称，摩根船长黑朗姆酒则醇厚馥郁。黑朗姆酒酒度为40°~43°，是经过3年以上陈酿的陈酒，酒液呈橡木色，美丽而晶莹，酒香浓醇而优雅，口味精细、圆正，回味甘润，极富风味。

3. 哈瓦那俱乐部（Havana Club）

发源地：古巴。

品牌介绍：

哈瓦那俱乐部朗姆酒的酒厂设在古巴哈瓦那附近的一座小镇上。作为古巴朗姆酒的杰出代表，哈瓦那俱乐部是古巴历史和文化不可或缺的一部分，也是世界上发展最快的朗姆酒之一。经过古巴传统方法醇化的哈瓦那俱乐部具有清爽独特的口感和芳香。由于技术、耐心和热情的完美配合，哈瓦那俱乐部的市场优势经久不衰。由半个青柠檬加糖加哈瓦那俱乐部白朗姆酒和冰花、樱桃酒搅拌而成的鸡尾酒是美国作家海明威的最爱。

4. 美雅士（Myers's Rum）

发源地：牙买加。

品牌介绍：

美雅士是牙买加（Jamaica）最上等的朗姆酒，曾获优质金章奖。其由陈酿5年以上、品质最出众的朗姆酒调配而成，酒味浓郁丰富，与汽水或柑橘酒混饮，堪称完美。

5. 混血姑娘（Mulata）

发源地：西班牙。

品牌介绍：

混血姑娘是西班牙的白色人种和非洲黑色人种生育的姑娘。西班牙人的浪漫与多情和非洲人的热烈与奔放，欧洲人的细腻与温柔和土著人的大胆与狂野在混血姑娘身上得到完美的体现。商标中的混血姑娘就来源于此形象。蔗糖的精髓，加勒比的烈日，古巴特有的土壤，传统酿法与现代工艺的融合，是混血姑娘优良品质的奥秘。珍藏型陈酿混血姑娘吸收了原料中的精华，孕育出古巴特有的沁人芬芳。

四、朗姆酒的品尝之旅

（一）品饮方式

1. 净饮

朗姆酒有英系和法系之分，且各自分有不同的种类，呈现不同的风味，用净饮的方式来品味不失为一大乐趣。净饮朗姆酒最好选用上窄下宽的玻璃酒杯，这样能更好地锁住酒香，获得更好的品饮体验。毕竟香味在食物口感中占有重要的地位。

2. 加冰

加冰饮法可以让人更好地体验朗姆酒丰富的质感和多样的风味。选用的冰块最好是用真正的纯净水冻结而成的，大小如拳头般、棱角圆润的球形冰也是不错的选择。将高浓度的烈性朗姆酒沿着杯壁慢慢地倒入酒杯，然后就可以慢慢品尝了。加冰的朗姆酒不仅冰凉爽口，还能让品酒者体味到从纯烈酒到"水割"的不同滋味。

3. 加苏打水

这种饮用方法主要是针对清淡型朗姆酒而设计的。在众多的朗姆酒品类中，金朗姆酒与苏打水的融合所呈现的酒色最为迷人。首先将朗姆酒与苏打水按照1∶2

的比例混合，其次挤入几滴鲜柠檬汁，待酒体变得柔软后就可以享用了。加入苏打水的朗姆酒味道有点儿像陈年的啤酒，柔和而又复杂。

（二）品鉴方法

1. 闻香

在品尝朗姆酒之前，应先闻一闻酒香。闻香时注意不要把鼻子深埋在杯中，以免鼻子被酒精的蒸气充斥，而难以分辨真正的酒香。闻香时，嘴巴最好微微地张开，这个小细节会带给你意外的惊喜体验。英系朗姆酒根据香味的浓烈程度可分为浓香、中浓以及淡香三种。浓香型朗姆酒香味独特柔和，淡香型朗姆酒香味清爽易饮，中浓型朗姆酒香味介于浓香和淡香之间。

Part 2 世界高端洋酒品鉴 / 洋酒品类

2. 品尝

先抿一小口含在嘴里,当酒液在口腔内缓缓流过,酒香扩散到整个口腔时随即咽下。酒中的香草味、焦糖味以及浓郁的香料味总让人回味无穷。细细品味朗姆酒,会发现它的口感比威士忌还要甜一些。这是因为朗姆酒是用蔗糖的副产品酿造出来的,与用谷物酿制出来的酒相比,在甜度上自然更胜一筹。品尝微甜的朗姆酒更像品尝一道美味的甜点。

伏特加

一、认识伏特加

伏特加（Vodka）是俄罗斯的国酒，是一种在北欧寒冷国家十分流行的烈性酒精饮料，历史悠久，产生于14世纪左右。俄罗斯作家维克托·叶罗菲耶夫（Viktor Yerofeyev）专门研究了伏特加的历史。他称伏特加为"俄罗斯的上帝"，认为它在某种程度影响了俄罗斯的命运。叶罗菲耶夫的观点听上去有些耸人听闻，但其实伏特加这个名字在俄文中就是"生命之水"的意思。

俄罗斯是生产伏特加的主要国家，德国、芬兰、波兰、美国、日本等国也都能酿制优质的伏特加。第二次世界大战开始时，由于俄罗斯制造伏特加的技术传到了美国，美国一跃成为生产伏特加的大国之一。

伏特加是以马铃薯、玉米等为原料，用重复蒸馏、精炼过滤的方法，除去酒精中所含毒素和其他异物的一种纯净的高酒精浓度的饮料。伏特加无色，口味烈，劲大刺鼻，除了与软饮料混合变得甘洌，与烈性酒混合变得更烈，没有明显的特性。由于酒中所含杂质极少，口感纯净，并且可以任何浓度与其他饮料混合饮用，该酒经常用作鸡尾酒的基酒，酒度一般在40°~50°。

二、伏特加的种类

1. 俄罗斯伏特加

俄罗斯伏特加最初以大麦为原料,后逐渐改用含淀粉的马铃薯和玉米,制造酒醪和蒸馏原酒并无特殊之处,只是过滤时将精馏而得的原酒注入白桦活性炭过滤槽中,经缓慢的过滤程序,使精馏液与活性炭分子充分接触而净化,将所有原酒中所含的油类、酸类、醛类、酯类及其他微量元素除去,便得到非常纯净的伏特加。俄罗斯伏特加酒液透明,除酒香,几乎没有其他香味,口味强烈,劲大冲鼻,有火一般的刺激。其名品有波士伏特加(Bolskaya)、苏联红牌(Stolichnaya)、苏联绿牌(Mosrovskaya)、柠檬那亚(Limonnaya)、斯大卡(Starka)、俄国卡亚(Kusskaya)、哥丽尔卡(Gorilka)。

2. 波兰伏特加

波兰伏特加的酿造工艺与俄罗斯伏特加相似,区别在于波兰人在酿造过程中加了一些花卉、植物果实等调香原料,所以波兰伏特加比俄

Part 2 世界高端洋酒品鉴
洋酒品类

罗斯伏特加酒体丰富,更富韵味。波兰伏特加名品有蓝牛(Blue Rison)、维波罗瓦红牌38°(Wyborowa 38)、维波罗瓦蓝牌45°(Wyborowa 45)、朱波罗卡(Zubrowka)。

3. 其他国家和地区的伏特加

除俄罗斯与波兰,其他较著名的生产伏特加的国家和地区还有:

英国:哥萨克(Cossack)、夫拉地法特(Viadivat)、皇室伏特加(Imperial)、西尔弗拉多(Silverad)。

美国:宝狮伏特加(Smirnoff)、沙莫瓦(Samovar))、菲士曼伏特加(Fleischmann's Royal)。

芬兰:芬兰地亚(Finlandia)。

法国:卡林斯卡亚(Karinskaya)、弗劳斯卡亚(Voloskaya)。

加拿大:西豪维特(Silhowltte)。

三、世界名品伏特加鉴赏

1. 绝对伏特加(Absolut Vodka)

发源地:瑞典。

品牌介绍:

绝对伏特加是世界知名的伏特加品牌,每瓶绝对伏特加都产自瑞典南部的小镇阿

Part 2 世界高端洋酒品鉴
洋酒品类

赫斯（Ahus）。那里特产的冬小麦赋予了绝对伏特加优质细滑的谷物特征。几个世纪的经验已经证实，绝对伏特加选用的坚实的冬小麦能够酿造出优质的伏特加。多年来，绝对伏特加不断采取富有创意而又高雅幽默的方式诠释品牌。

2. 无极伏特加（Level Vodka）

发源地：瑞典。

品牌介绍：

无极伏特加畅销全球126个国家，隶属于V&S Absolut Spirits集团。ABSOLUT是世界第三大国际烈酒公司，总公司坐落于瑞典的斯德哥尔摩（Stockholm）。传承于ABSOLUT的精髓，无极伏特加是一种升华后的极致伏特加酒，其丝润口感与醇和口味的完美平衡带来的是犹如"燃烧的冰块"般的奇妙体验。这正体现了产品完美无瑕的极致品质。无极伏特加的完美口感与极致奢华的品牌特质也正符合当下"高眉人群"的独特视角，推陈出新、颠覆传统产品理念。

3. 粉红伏特加（Pinky Vodka）

发源地：美国。

品牌介绍：

粉红伏特加原产自瑞典，被称为世界上最

漂亮的伏特加,由斯堪的纳维亚(Scandinavia)顶级品酒师特别为有智慧的女性量身而作。粉红伏特加与其他的伏特加制作工艺大不相同。它由紫罗兰、玫瑰花瓣和其他十种植物成分经手工混合而成,具有一种细致、微妙的花香味,以及难以用言语表达的丰富口感。

4. 芬兰伏特加(Finlandia Vodka)

发源地:芬兰。

品牌介绍:

来自北欧芬兰的芬兰伏特加1970年诞生于斯堪的纳维亚,1971年进入美国市场。它的品质纯净,且独具天然的北欧风味及传统口味,因而树立了高级伏特加的品牌形象。过去十年来,芬兰伏特加销量增长迅速,是全球免税店中最受欢迎的品牌之一。

5. 灰雁伏特加(Grey Goose Vodka)

发源地:美国。

品牌介绍:

灰雁伏特加是当今非常流行的顶级伏特加品牌,隶属于百家得(Bacardi)

集团。1997年，在法国干邑区由Sidney Frank Importing Company of New Rochelle 公司酿造。之后，便迅速声名远播，并在烈酒比赛中多次获得大奖。

6. 斯米诺伏特加（Smirnoff Vodka）

发源地：美国。

品牌介绍：

斯米诺伏特加是饮用者较多的伏特加之一，在170多个国家销售，堪称全球第一伏特加。斯米诺伏特加是最纯的烈酒之一，每天有46万瓶售出，占烈酒消费的第二位，深受各地酒吧调酒师的喜爱。

7. 雪树伏特加（Belvedere Vodka）

发源地：波兰。

品牌介绍：

雪树伏特加产自被誉为伏特加诞生地的波兰。其以波兰黄金麦为原料，经四次蒸馏萃取而成，是伏特加中的极品。雪树伏特加以波兰历史上著名的皇家宫殿白宫（Belvedere House）在雪树中的美景为瓶身设计灵感，酒液口感浓郁细致，如丝般顺滑，隐约散发香草芬芳。

四、伏特加的品尝之旅

（一）品饮方式

1. 净饮

净饮伏特加，最好先将酒放在冰箱中冷藏几个小时，取出后于玻璃杯上的雾气未消失之前一饮而尽，此时伏特加清冷的酒香和干辣爽口的味道将在口鼻喉间充分展现。这是一种极为刺激的伏特加饮酒方式。通常，俄罗斯人在聚会时，喜欢选择伏特加这种烈性酒，因为它能帮助大家在干杯畅饮中活跃气氛、增进友情。

2. 燃烧伏特加

在伏特加专用的烈酒杯中加入一定量的百利甜酒，然后注入适量的伏特加，此时的伏特加会浮在甜酒之上；接着用火点燃上层的伏特加，可以看到蓝色的火苗在杯中开始燃烧，此时用吸管插入酒杯，慢慢地吸入下层的甜酒，口味独特，且这种特别的极致体验令人无限着迷。

3. 加牛奶

先将适量的伏特加倒入酒杯中，然后倒入适量的纯牛奶，再加入适量的冰块，用手轻轻晃动酒杯，使酒液、鲜奶和冰块充分融合，当杯中散发出浓郁的奶香、酒香时即可饮用。这种饮法对感官的冲击比较柔和，让人感觉很舒服。

4. 疯狂喝法

在杯中倒入伏特加，并将黑胡椒撒在上面；嚼上一口辛辣的姜，然后喝一大口伏特加。顿时，一种无法用语言形容的强烈刺激感充斥口腔。据说，这是历史上最令人兴奋的饮法，很多人对这种饮法痴迷，因为他们认为这是一种最能展现个人魅力的饮法。

（二）品鉴方法

1. 闻香

在品味伏特加的香气时，要微微张开嘴，将酒杯放到鼻子前仔细闻，同时缓缓晃动酒杯，以便香气充分散发出来。如果伏特加有股强烈的刺鼻香气，就说明伏特加的品质较低。一瓶优质的伏特加，其香气应该是循序渐进、层层展开的。

2. 品尝

轻微地抿一口伏特加，让酒液稍微在口腔中停留几秒，感受一下伏特加的酒体是轻盈爽快的还是厚重浓稠的，收尾是甜美的还是带着咸味的。接着，在伏特加酒杯中加入少量的水，再次品尝，看是否有新的风味被引发出来。

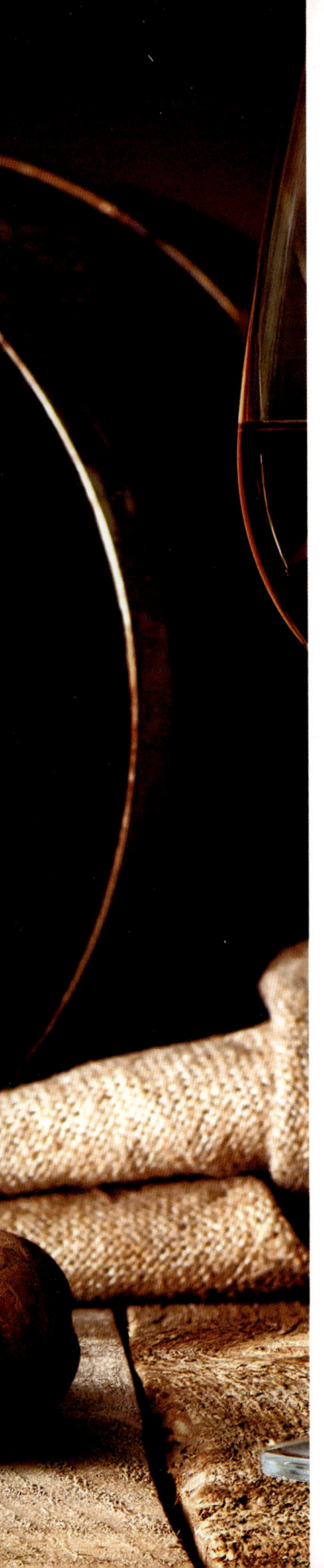

Part 2 世界高端洋酒品鉴
洋酒品类

特基拉酒

一、认识特基拉酒

特基拉酒（Tequila）是出自墨西哥的一种烈性酒，以蓝色龙舌兰为原料酿制而成。龙舌兰属于墨西哥的一种珍贵植物，其中以蓝色龙舌兰品质最佳。通常，龙舌兰需要经过十几年的时间才能成熟。龙舌兰成熟后，将其采下并剥去叶子，取出里面充满甜液的像凤梨一样的基部，便可以以此为原料来酿酒了。用龙舌兰酿制出来的酒称为龙舌兰酒。龙舌兰酒是墨西哥的原生酒，被誉为墨西哥的国酒，而特基拉酒是龙舌兰酒中的极品，一直以来都是墨西哥重要的外销酒品，其相关的酿酒产业也是墨西哥重要的经济支柱。

为了确保特基拉酒的品质，墨西哥对特基拉酒的产地、原料以及冠名权等方面做了极为严苛的限制与保护。依照墨西哥法律，特基拉酒的原料必须采用规定的5个法定州种植的蓝色龙舌兰，且必须在这5个州内完成其生产酿制过程。目前，特基拉酒的生产中心主要集中在墨西哥哈利斯科州（Jalisco）境内，以及瓜达拉哈拉（Guadalajara）和特皮克（Tepic）之间的特基拉镇（Tequila）。同时，墨西哥还规定，在酿造特基拉酒时，其原

167

料蓝色龙舌兰在所有发酵糖中的比例必须在 51% 以上，因为只有这样的配置才符合极品特基拉酒的品质要求，厂家才能将生产的特基拉酒冠名销售。

二、特基拉酒的种类

1. 白色（Blanco）或银色（Plata）特基拉酒

白色或银色特基拉酒在英语中被标注为 Silver。此类酒是未经陈酿的特基拉酒，蒸馏后在桶中贮藏的时间一般不到两个月，或者在橡木桶中贮藏较短时间。白色或银色特基拉酒清亮透明，带有植物的香气，口感强烈，适宜混合饮用。

2. 年轻（Joven）或金色（Gold）特基拉酒

年轻或金色特基拉酒在英语中被标注为 Gold。此类酒经过橡木桶的

陈酿，浸染了橡木桶的颜色，或者是用焦糖及橡木萃取液染色过，也有用银特基拉酒和老特基拉酒混合而成的，品质相较于100%龙舌兰要低。

3. 莱普萨多（Reposado）特基拉酒

该类酒通常在橡木桶中贮藏2~12个月。莱普萨多特基拉酒呈淡黄或金黄色，口感复杂而浓厚。莱普萨多特基拉酒在墨西哥本土有很大的销售量。

4. 陈年（Anejo）特基拉酒

陈年特基拉酒一般在橡木桶中贮藏1~3年。墨西哥法律规定：有此标注的酒必须使用容量不超过350升的橡木桶贮藏陈酿。

5. 超陈（Extra Anejo）特基拉酒

超陈特基拉酒一般在橡木桶中贮藏3年以上，多为100%龙舌兰珍藏酒。因为其酒龄较长，所以十分名贵。此类酒口感柔顺，香气微妙且复杂。

三、世界名品特基拉酒鉴赏

1. 豪帅快活特基拉酒（Jose Cuervo Tequila）

发源地：墨西哥。

品牌介绍：

豪帅快活（Jose Cuervo）堪称世界上规模最大、历史最悠久的龙舌兰酒厂之一。豪帅快活特基拉酒可分为金和银两种。豪帅金快活特基拉酒一般在橡木桶中贮藏的时间比较长，有浓郁的香味，色泽通透，口感极度和谐顺滑，带有柠檬、蜂蜜的回味；豪帅银快活特基拉酒一般陈酿的时间比较短，呈无色透明状，口味劲道，并带有一丝美妙、令人着迷的香甜感。

2. 培恩特基拉酒（Patron Tequila）

发源地：墨西哥。

品牌介绍：

培恩特基拉酒被公认为墨西哥的国酒。培恩金樽特基拉酒一般在橡木桶中贮藏一年之久，酒液呈迷人的浅琥珀色调，带有橡木和清新龙舌兰的诱人芳香，以及柑橘和蜂蜜的香甜

Part 2 世界高端洋酒品鉴 洋酒品类

味道，回味中有着淡淡的花香和香草气息。

3. 懒虫特基拉酒（Camino Real Tequila）

发源地：墨西哥。

品牌介绍：

懒虫特基拉酒是产于特基拉产区的一种优质特基拉酒。懒虫特基拉酒色彩缤纷，包装独特而有个性，周身弥漫着一股浪漫和激情。懒虫金特基拉酒

呈金黄琥珀色，带有花香和淡淡的干果香，口感浓醇，回味无穷。

四、特基拉酒的品尝之旅

（一）品饮方式

1. 净饮

净饮特基拉酒时，有一种传统的享用方法。饮用者在左手的虎口部位轻撒少许细盐，同时准备一片柠檬。端起酒杯，先是用舌头轻舔虎口上的盐粒，紧接着小啜一口特基拉酒，最后用牙齿轻咬柠檬片。这样的品尝顺序让你的味蕾依次体验到盐的咸味、特基拉酒的辛辣和柠檬的酸爽，带来一种愉悦的感官之旅。特基拉酒的风味不仅得到了完美的展现，同时也为饮酒体验增添了一份独特的文化韵味。

Part 2 世界高端洋酒品鉴
洋酒品类

2. 加冰

喝上几口加冰的特基拉酒，会令人有种爆炸般的刺激感。这种感觉奇特而令人着迷。

3. 加饮料

首先在老式酒杯中倒入适量的特基拉酒，然后缓缓地注入苏打水，也可以是七喜汽水或其他饮料（量不要超过杯子的一半）。然后用杯垫盖住杯口再拿起，最后用力敲下桌面，顿时香甜的酒气伴随着气泡喷涌而出。待泡沫涌上杯子时一饮而尽。

4. 特殊饮法

墨西哥人对特基拉酒的喝法非常讲究。在喝酒之前，他们通常会在指头上撒点儿盐，再准备一小片柠檬，然后先舔一下盐，再嚼上一大口柠檬片，紧接着喝上一口特基拉酒，顿时盐的咸味、柠檬的酸味以及酒的辣味融为一体，顺着喉咙一路燃烧，刺激而猛烈。这时，如果来一盘烤仙人掌虫和炸蚱蜢，再和着奔放的墨西哥音乐就再好不过了。

（二）品鉴方法

1. 闻香

特基拉酒最好采用杯口内收的白兰地酒杯或郁金香型酒杯，因为这样可以使香气更好地凝聚杯中，以便细细品鉴。由于冰镇后的特基拉酒香气有所转弱，所以最好在常温下闻香。

2. 品尝

品饮特基拉酒时，先将特基拉酒抿一小口含在嘴里，当舌头出现微麻的感觉时，慢慢地将酒液咽下，此时品饮者会体验到一种忘我的境界。

Part 2 世界高端洋酒品鉴 洋酒品类

再制蒸馏酒类

金酒

一、认识金酒

金酒（GIN）的名字很多。荷兰人称其为 Gellever，英国人称其为 Hollamds 或 Genova，德国人称其为 Wacholder，法国人称其为 Genevieve，比利时人称其为 Jenevers……

在我国，金酒也有许多称呼。我国香港、广东地区称其为毡酒，我国台湾地区除了称其为琴酒，又因其含有特殊的杜松子味道，也称其为杜松子酒。

金酒诞生于17世纪中叶，是由荷兰莱顿大学（University of Leyden）的西尔维斯（Sylvius）教授酿制的。制造这种酒最初是为了帮助在东印度地区活动的荷兰商人、海员和移民预防热带疟疾病，作为一种利尿、清热的药剂使用。不久，人们发现这种利尿剂香气和谐、口味协调、醇和温雅、酒体洁净，具有净、

爽的自然风格，因此很快将其作为正式的酒精饮料饮用。

金酒的怡人香气主要来自杜松子这种果实。杜松子除了可以利尿，还有很多其他用途。一般是将包于纱布中的杜松子悬挂在蒸馏器出口部位，待蒸酒时，其味便串于酒中。或者将杜松子浸于绝对中性的酒精中，一周后再回流复蒸，将其味蒸于酒中。有时还可以将压成小片状的杜松子加入酿酒原料，进行糖化、发酵、蒸馏，以得其味。有的酒厂会配合其他香料来酿制金酒，如芫荽子、豆蔻、甘草、橙皮等。后来，这种用杜松子果浸于酒精中制成的杜松子酒逐渐被人们接受，并作为一种新的饮料流行起来。从此，英国人就爱上了这种味道。而其准确的配方，厂家一向是绝对保密的。

二、金酒的种类

1. 荷式金酒

荷式金酒产于荷兰，主要的产区集中在斯希丹（Schiedam）一带，是荷兰人的国酒。

Part 2 世界高端洋酒品鉴
洋酒品类

　　荷式金酒被称为杜松子酒（Geneva），以大麦芽与裸麦等为主要原料，以杜松子酶为调香材料，经发酵后蒸馏三次，然后加入杜松子香料再蒸馏，最后将蒸馏而得的酒贮存于玻璃槽中待其成熟，包装时再稀释装瓶。

　　荷式金酒透明清亮，酒香味突出，香料味浓重，辣中带甜，风格独特，无论是净饮还是加冰都很爽口，酒度为52°左右。因香味过重，荷式金酒只适于净饮，不宜用作混合酒的基酒，否则会破坏配料的平衡香味。

　　荷式金酒在装瓶前不可贮存过久，以免杜松子氧化而使酒变苦。而装瓶后则可以长时间保存而不降低酒的品质。荷式金酒常装在长形陶瓷瓶中出售。新酒叫Jonge，陈酒叫Oulde，老陈酒叫Zeetoulde。荷氏金酒比较著名的品牌有亨克斯（Henkes）、波尔斯（Bols）、波克马（Bokma）、邦斯马（Bomsma）、哈瑟坎坡（Hasekamp）。

　　荷式金酒的饮法也比较多。在东印度群岛，流行在饮用前用苦精（Bitter）洗杯，然后注入荷式金酒，大口快饮，

177

具有开胃之功效,饮后再饮一杯冰水,更是痛快淋漓,美不胜言。荷式金酒加冰块,再配以一片柠檬,就是世界名饮干马天尼(Dry Martini)的最好代用品。

2. 英式金酒

大约在 17 世纪,威廉三世统治英国时发动了一场大规模的宗教战争,参战的士兵将金酒从欧洲大陆带回英国。1702—1704 年,当政的安妮女王对法国进口的葡萄酒和白兰地苛以重税,而对本国的蒸馏酒降低税收。金酒因而成了廉价蒸馏酒。另外,金酒的原料价格低廉,生产周期短,无须长期贮存,因此经济效益很高,不久就在英国流行开来。

英式金酒的生产过程较荷式金酒简单,是用食用酒糟和杜松子及其他香料共同蒸馏得到干金酒。干金酒无色透明,气味奇异清香,口感醇美爽适,既可单饮,又可与其他酒混合配制或作为鸡尾酒的基酒,所以深受英国人喜爱。英式金酒又称伦敦干金酒,属淡体金酒,这种酒不甜,不带原体味,与其他酒相比,口味比较淡雅。

英式干金酒的商标有 Dry Gin、Extra Dry Gin、Very Dry Gin、London Dry Gin 和 English Dry Gin,这些都是英国上议院给金酒一定地位的记号。著名的品牌

Part 2 世界高端洋酒品鉴
洋酒品类

有英国卫兵（Beefeater）、哥顿金酒（Gordon's）、吉利蓓（Gilbey's）等。

3. 美国金酒

美国金酒为淡金黄色，因为与其他金酒相比，它要在橡木桶中陈酿一段时间。美国金酒主要有蒸馏金酒（Distiled Gin）和混合金酒（Mixed Gin）两大类。通常情况下，美国的蒸馏金酒在瓶底部有"D"标记，这是美国蒸馏金酒的特殊标志。混合金酒是用食用酒精和杜松子酒简单混合而成的，很少用于单饮，多用于调制鸡尾酒。

4. 其他国家的金酒

金酒的主要产地除了荷兰、英国、美国，还有德国、法国、比利时等国家。比较常见和有名的金酒有辛肯哈根·德国（Schinkenhager）、西利西特·德国（Schlichte）、布鲁克人·比利时（Bruggman）、多享卡特·德国（Doornkaat）、菲利埃斯·比利时（Filliers）、克丽森·法国（Claessens）、弗兰斯·比利时（Fryns）、海特·比利时（Herte）、罗斯·法国（Loos）、拉弗斯卡德·法国（Lafoscade）、康坡·比利时（Kampe）、万达姆·比利时（Vanpamme）、布苓吉维克·南斯拉夫（Brinevec）。

干金酒中有一种叫 Sloe Gin 的金酒，但它不能称为杜松子酒，因为它所用的原料是一种野生李子，名叫黑刺李。Sloe Gin 习惯上可以称为金酒，但要加上"黑刺李"，称为"黑刺李金酒"。

三、世界名品金酒鉴赏

1. 哥顿干金酒（Gordon's Dry Gin）

发源地：英国。

品牌介绍：

哥顿干金酒属于伦敦干金酒，是英国的重要国酒，于1769年创于伦敦。多重蒸馏的酒精，配上杜松子、芫荽子及多种香草，才能调制出香味独特的哥顿干金酒。如今，哥顿干金酒已成为世界销量最佳金酒之一，据说它每秒能卖出4瓶。

Part 2 世界高端洋酒品鉴
洋酒品类

2. 添加利干金酒（Tanqueray Dry Gin）

发源地：美国。

品牌介绍：

1989 年，哥顿公司与查尔斯·添加利公司合并，成立添加利哥顿公司。添加利干金酒是金酒中的极品名酿，浑厚甘洌，具有独特的杜松子酒的香味，现为美国最著名的进口金酒之一，并广受世界各地爱酒人士赞誉。

3. 英国卫兵（Beefeater）

发源地：英国。

品牌介绍：

英国卫兵是英式金酒的代表品牌，口味醇正，是广大金酒爱好者的理想选择。它适合净饮，也是调制各种鸡尾酒的基酒，适合于任何一款以金酒为基酒的鸡尾酒的调配。净饮时，在酒中加上几片柠檬和几块冰块，口感爽利，回味无穷。

4. 钻石金酒（Gilbey's Gin）

发源地：英国。

品牌介绍：

1872 年，W&A Gilbey 公司推出第一款特制伦敦干金酒，选用 12 种天然植物成分精心调配，口感平滑、清爽，细品能尝到近似柑橘的味道。加冰并与其他饮料调配，可以使之成为一款爽口的干味饮品。

5. 孟买蓝宝石金酒（Bombay Sapphire Gin）

发源地：英国。

品牌介绍：

1761年，孟买蓝宝石金酒诞生在英国西北部。它是基于最古老的配方之一酿制而成的一款高档伦敦干金酒。凭借精致绝伦的外观和口感，具有现代感且刻有异国药材版画的蓝宝石色酒瓶，孟买蓝宝石金酒被全球认定为最优质、最高档的金酒。

四、金酒的品尝之旅

(一) 品饮方式

1. 净饮

荷兰金酒适合选择净饮的品饮方式。净饮金酒时最好先将酒放入冰箱、冰桶或者冰块中冷却降温。冷却后的金酒口感清凉,酒精的刺激感也会减弱。净饮金酒可选用利口杯或古典杯,饮用前最好将酒杯同酒一同放入冰箱冷却,这样可以获得更长时间的美味享受。

2. 加冰

金酒加冰组合，即"Gin Rock"，是非常时尚的一种金酒饮法。金酒加冰饮用前，最好先将金酒进行冷却处理，这样冰块可以保持很长时间不融化，酒的味道也会更持久。金酒加冰的同时，还可以加入青柠汁组成人气饮品"金青柠（Gin&Lime）"。

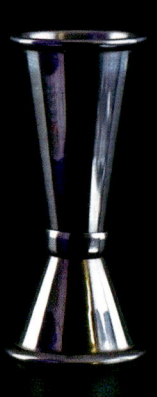

3. 调制鸡尾酒

　　用金酒作为基酒调制鸡尾酒可以说是金酒最普遍的一种饮用方式。金酒香味和口感独特，在调制鸡尾酒时可起到很好的风味调剂作用。用金酒调制的鸡尾酒不仅香气浓郁，而且具有清爽辛辣的口感，在炎热的夏季饮用这样一杯独具风情的鸡尾酒，让人感到十分惬意。

（二）品鉴方法

1. 闻香

金酒被誉为可以喝的植物园，因为金酒中蕴含各种天然芳香物质，集松香、辛香、木香、花香等香气于一体。在饮用金酒前，尝试多次嗅闻，可以感受到金酒蕴含的各种芳香，如充满动态个性的松香、柔和不刺激的辛香、清新挺拔的木香，以及明朗不甜腻的花香等，这样的香气诱惑绝对令人陶醉。

2. 品尝

金酒通常带有清爽畅快的口感，同时不同品质的金酒也会给人带来不同的味觉体验。质地较淡的辣味金酒，口感清凉爽口；含有些许糖分的老汤姆金酒，辣味中带有怡人的甜味；荷式金酒不仅具有浓烈的杜松子香味，还夹杂淡淡的麦芽芬芳味；加入成熟的水果和香料的果味金酒，会带有一些特殊的果味和香料的味道，如柠檬金酒、柑橘金酒、姜汁金酒等。不过，因为很多金酒略带苦味，所以人们很少单独饮用。

再制酒类

利口酒

一、认识利口酒

利口酒译自英文 Liqueur，又译为"利娇""利乔""力娇"等，是一种烈性甜酒。利口酒以白兰地、威士忌、朗姆酒、金酒、伏特加或葡萄酒为基酒，加入果汁和糖浆，再浸泡各种水果或香料植物，经过蒸馏、浸泡、熬煮等过程制成。

利口酒所采用的加味材料千奇百怪，最常见的有三大类，即植物、动物、矿物质。利口酒气味芬芳，口味甘美，适合餐前餐后单独饮用。利口酒色彩鲜艳、含糖量高，所以特别适合调配各种色彩层次的鸡尾酒，也可以作为烹调和甜点制作用酒。适量饮用利口酒，还可以起到和胃、醒脑等保健作用。

最常见的利口酒分为水果类和植物类两种，如柑橘类利口酒、樱桃类利口酒、桃子类利口酒、奶油类利口酒、香草类利口酒、咖啡类利口酒等。

最老的利口酒 Bénédictine，又称修士酒、泵酒、圣酒，名字来自发明它的修道院（位于法国诺曼底）。其标签上印有 D.O.M，意为"献给至高无上的主"。大部分的利口酒含有至少 2.5% 的甜浆。利口酒也因其香甜、多元的味道，丰富的色泽变化，被人们誉为"液体宝石"。

二、利口酒的种类

1. 柑橘类利口酒

水果中以柑橘类水果最好酿酒,和白兰地、威士忌等任何一种酒匹配都能产生极佳的效果。柑橘类包括各种橙子、橘子等。柑橘不论酸、甜、苦,其皮晒干后有一种极和谐的自然酸甜度,酿酒后可口且助消化。所有柑橘酒中,以古拉索(Curacao)类最杰出。它是用青橘子干皮、肉桂、丁香和糖等混合浸泡而成的,原是用荷属古拉索岛的苦橙皮浸泡在白兰地中取得的,酒名源自产地名。荷兰的酿酒公司通常会同时推出几种古拉索酒,有无色的,绿色的,也有蓝色的,可以用来调配各种色彩鲜艳的鸡尾酒。

柑橘类利口酒中还有其他一些著名品种,如君度(Cointreau)、金万利(Grand Marnier)等。君度的原型是橙皮甜酒"Triple Sec",是用橙皮泡在酒里一段时间,再蒸

Part 2 世界高端洋酒品鉴
洋酒品类

馏，然后加入糖浆及其他物质酿制。君度很受欢迎，因鸡尾酒中只要加入几滴君度，就会使酒原有的味道更具韵味。金万利是用法国白兰地泡苦橙皮酿制而成的香橙利口酒，有黄色和红色两种，红色更为世人熟悉。红色金万利一定要用干邑白兰地作酒基来酿制。

2. 樱桃利口酒

樱桃酒由于酿造方法不同可分为两大类：一类称为"Kirsch"，即将樱桃压碎，发酵，蒸馏成樱桃酒（Cherry Wine），再蒸馏成樱桃白兰地（Cherry Brandy），并用丁香、肉桂、砂糖等调成暗红色，酒精含量为21%~24%，含糖量为20%~22%，以酒精含量高而糖分含量低者为佳。另外一类樱桃利口酒（Cherry Liqueur）是将樱桃在白兰地中浸泡一段时间再蒸馏而成的，美国人称其为樱桃味的白兰地。

彼得·亨瑞（Peter Heering）是世界上最佳的樱桃利口酒，取名于创始人彼得·亨瑞。该酒由丹麦的戴尔比（Dalby）酒厂生产，色泽暗红，口感极为柔顺，带有水果香味。

玛若希诺（Maraschino）是用产于亚得里亚海滨的达尔美提亚的玛若斯卡（Marasca）酸樱桃酿成的利口酒。此酒自18世纪以来即闻名于世，口味略甜，酒液透明。由于由酸樱桃制成，发酵蒸馏前要加糖。

Part 2 　世界高端洋酒品鉴
洋酒品类

3. 桃子利口酒

桃子利口酒（Peach Liqueur）的著名品牌是南方安逸（Southern Comfort）。南方安逸原产于美国新奥尔良，生产方法是将新鲜的桃子（占大多数）、橙子及若干热带水果去皮去核后，配以草药香料，浸泡在波本威士忌里，并在大木桶里贮藏 6~8 个月。该酒含有近 44% 的酒精，但并不辣口。

4. 奶油利口酒

奶油利口酒（Cream Liqueur）含糖量为40%~50%，制作原料有果实、茶花、植物、咖啡等，形形色色，不胜枚举。无论什么原料，它们的共同特点是像奶油一样甜腻。奶油类利口酒品牌较多，著名的有阿摩拉多·第·撒柔娜（Amaretto di Saranno）和可可奶油利口酒（Creme de Cacao）。

阿摩拉多·第·撒柔娜产自意大利。该酒带有淡淡的杏仁清香及核仁香，极讨人喜欢，与多种果汁混合可调出可口的鸡尾酒。

可可奶油利口酒又称为可可利口酒或巧克力利口酒，是将可可豆泡浸入基酒中或直接用可可豆加入其他植物蒸馏而成的利口酒，种类繁多，口味极甜，酒精含量为30%，在调鸡尾酒时使用较广。

此外，奶油利口酒还有香蕉利口酒、草莓利口酒、法国高级杏仁利口酒等。

5. 香草类利口酒

香草类利口酒的酿制材料是各种各样的草本植物，酿酒工艺复杂，并具有一定的神秘感。其代表产品是沙特勒兹（Chartreuse）和班尼狄克汀（Benedictine DOM）。

沙特勒兹利口酒于1762年由沙特勒兹修道院开始生产。据推测，它以白兰地为基酒，用阿尔卑斯山中的130多种草药调配后，经过5次浸渍和10次重复蒸馏，再在120米深的洞窟之中历经两年的贮藏才酿制成功。该酒的酒精浓度高达55%，具有镇定精神、消除疲劳的功效。

班尼狄克汀又称当酒，是以白兰地为基酒，再用山艾草、生姜、丁香、肉桂等27种材料调配，经两次蒸馏、两年贮藏而酿成的。其酒液呈黄绿色，酒精含量为43%，入口发甜，甜味过后有一种圆润滋美的风味。

此外，出产于意大利的加利安奴（Galliano）也是著名的香草类利口酒。其生产配方一样秘而不宣。据说它"以高级的酒混进青草的叶、根、花等，贮存在玻璃桶里使酒与植物的味道彻底融合（约6个月），再经不断地过滤，去掉杂质，装瓶上市"。加利安奴酒瓶细长呈锥形，形似一根球棒，黄澄澄的酒液光彩照人，口味较冲，带有一股茴香、芫荽的混合香气，深受美国人欢迎。

Part 2 世界高端洋酒品鉴 洋酒品类

6. 咖啡利口酒

咖啡利口酒（Coffee Liqueur）以添万利（Tia Maria）、卡鲁瓦（Kahlúa）和咖啡奶油利口酒（Creme de Caef）最著名。

添万利是所有咖啡利口酒的鼻祖，起源于18世纪，主要产地是牙买加。它以朗姆酒为基酒，加入当地产的蓝山咖啡和香料酿成，除了浓郁的咖啡香味，还有细微的香草味，酒精含量为31.5%。

卡鲁瓦是墨西哥咖啡甜酒。该酒以烈性酒为基酒，墨西哥咖啡为辅料，再加可可、香草制成，酒精含量为26.5%。卡鲁瓦不但口味浓重，风味独特，而且包装与众不同，酒瓶为带有浓厚乡土气息的容器。卡鲁瓦不仅可以用来调配鸡尾酒，若将它浇在冰激凌上或调在牛奶中，还会使这些食物味道更鲜美。

7. 其他种类

利口酒品种众多，除上述几大类酒品，还有其他多种独具特色的利口酒。

杜林标（Drambuie）是世界上最有名的以威士忌为基酒的利口酒，以蜂蜜、草药调香，无任何异味，可以和威士忌兑着喝，也可以作为餐后用酒。

很多植物的果实都能用来酿酒，如以银杏蒸馏酒或白兰地为基酒，浸入银杏、香料、糖等，酿成色泽较浅的银杏利口酒（Apricot），以梨为原料酿制的梨利口酒（Poire Liqueur），用草莓为原料酿制的黑色草莓利口酒（Black Berry），以茴香为原料酿制的茴香利口酒（Anisette），用黑刺李酿制的黑刺李金酒（Sloe Gin）等。

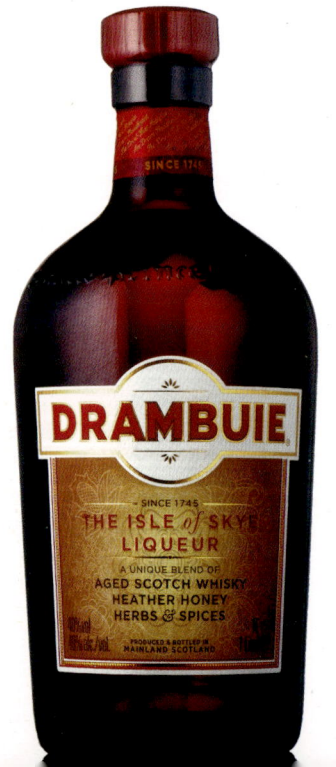

三、世界名品利口酒鉴赏

1. 君度利口酒（Cointreau Liqueur）

发源地：法国。

品牌介绍：

君度利口酒于1849年由Cointreau兄弟创造。该酒将白兰地的冲劲与橙子的苦味和甜味混合，有一种独特而丰富的口感，该配方历经百年从未改变。除了法国，如今该酒也在美国生产。多种饮法是君度利口酒的另一个亮点，它可以净饮，加冰，还可以兑软饮料、果汁或顺应时尚潮流调制鸡尾酒饮用。君度利口酒是一些经典鸡尾酒如Cointreau Margarita、Cointreau Cosmopolitan、Cointreau WhiteLady的主要成分，是休闲场合最常见的饮料。

2. 百利甜利口酒（Baileys Liqueur）

发源地：爱尔兰。

品牌介绍：

百利甜由新鲜的爱尔兰奶油、醇正的爱尔兰威士忌、各种天然香料、巧克力等调配而成，酒精含量为17%。百利甜自1974年在爱尔兰诞生以来，短短30年就风靡全球，年销量达400多万箱，成为单一品味甜酒之冠。每瓶百利甜含有至少50%的新鲜奶油，混合着可可、威士忌，口味别致，甜蜜可人，是当今最受欢迎的女士利口酒之一。

Part 2 世界高端洋酒品鉴 / 洋酒品类

3. 野格利口酒（Jägermeister Liqueur）

发源地：德国。

品牌介绍：

有德国第一酒精饮料品牌之称的Jägermeister，全称是"德国狩猎大师草本苦味酒"。野格是一种口味独特的草本利口酒，作为派对饮料，野格备受年轻人的推崇。野格利口酒是由56种材料配制而成的草药酒，极具风味，不可替代，尤其低温饮用，让人爱不释手。野格利口酒居世界烈性酒销量前10名，在美国市场占据40%的销量，2004年首次获得"美国进口利口酒第一名"的荣誉。

4. 马利宝利口酒
（Malibu Liqueur）

发源地：西班牙。

品牌介绍：

马利宝原产地是西印度群岛。其以朗姆酒为基酒，加入椰子汁与椰肉浆以及各种糖类及纯净的泉水，与精选的酵母发酵后精酿而成，酒精含量为21%。马利宝是朗姆酒300多年流行史上丰富多彩的典型，它代表着加勒比海边浓荫下闲适无忧的生活方式。如今，巴西、荷兰、法国都酿造马利宝利口酒。与此同时，杧果、菠萝等新风味，使得马利宝成为全球流行的闲暇伴侣。

Part 2 世界高端洋酒品鉴
洋酒品类

5. 加利安奴利口酒（Galliano Liqueur）

发源地：意大利。

品牌介绍：

加利安奴（因意大利英雄加利安奴将军得名）于1896年产自意大利米兰，是世界三大香草酒之一。它是以蒸馏酒为基酒，加入70多种药草、芳香植物酿制而成的利口酒，酒精含量为30%，酒液呈金黄色，味道醇美独特，单瓶容量为700毫升。

6. 金万利利口酒（Grand Marnier Liqueur）

发源地：法国。

品牌介绍：

产自法国的金万利，由路易斯·亚历山大·马尼埃·拉珀斯托（Louis

Alexandre Marnier Lapostolle）于 1880 年所创。他将加勒比海野生柑橘的精粹与名贵的法国陈年白兰地完美调配，经过两次橡木桶陈化后，创造出一种令人沉醉的非凡口感。正因为其独特的口感和酿造方法，金万利始终是法国出口量最大的甜酒之一。

7. 甘露咖啡利口酒（Kahlúa Liqueur）

发源地：墨西哥。

品牌介绍：

产于墨西哥的甘露咖啡，以浓郁的咖啡味道著称，也是美国最流行的 30 个烈性酒类品牌之一。它的历史就像它的黑色圆形瓶身，充满了神秘感。尽管在墨西哥，该酒往往使用本地种植的咖啡豆来配制，但顶级的甘露咖啡往往使用阴地生长的、最好的阿拉伯咖啡豆，与最佳的进口朗姆酒混合制成。除了墨西哥，丹麦的 Peter Heering 酿造的甘露咖啡也非常有名。甘露咖啡的绝佳异国咖啡风味使其成为调制经典的黑俄罗斯和白俄罗斯鸡尾酒的不二之选。

Part 2 世界高端洋酒品鉴 洋酒品类

8. 爱玛乐奶油利口酒（Amarula Cream Liqueur）

发源地：意大利。

品牌介绍：

爱玛乐奶油利口酒原产于非洲南部，具有与百利甜酒近乎一样的口感与色泽，酒精含量为17%，单瓶规格为700毫升。2007年，爱玛乐奶油利口酒赢得国际葡萄酒烈酒大赛（International wine&spirit competition, IWSC）的"世界最佳利口酒"奖,并获同类"最佳金牌奖"，成为世界上口感最佳的利口酒。

四、利口酒的品尝之旅

（一）品饮方式

1. 净饮

净饮利口酒最好选用高纯度的利口酒。净饮时，将利口酒倒入专用的利口酒杯或雪梨杯中，便可以细细地品饮了。利口酒最好在餐后品饮，因为这样不仅有助于消化，还可以让人静静地享受餐后时光。通常，低温下水果利口酒口感最佳，因为其在低温下味道和香气会更加浓烈。

2. 兑饮

利口酒还可加入苏打水或矿泉水饮用。首先，在平底杯中倒入适量利口酒，其次加入苏打水、矿泉水或者柠檬汁等即可。

3. 加冰

加冰饮用利口酒要先准备碎冰。如果冰块较大，可先将其用布包起来锤碎，然后将碎冰倒入专用的鸡尾酒杯或葡萄酒杯中，再缓缓地倒入利口酒即可。

4. 其他

除了以上饮用方法，利口酒还可以加冰激凌或果冻饮用。人们在做蛋糕时，也常用利口酒代替蜂蜜使用。

（二）品鉴方法

1. 闻香

利口酒中因为添加了一些天然的芳香药草，因此香味独特而又复杂。闻利口酒的香气时，可以采用收口的酒杯或郁金香形酒杯，因为这些酒杯能更好地锁住酒散发出来的香味。因为香气散发是渐进式的，所以可以尝试多次闻，以感受不同层次的香味。

2. 品尝

利口酒是带有一定保健作用的甜酒，通常在餐后饮用。当然，也可以根据个人喜好选择饮用时间。利口酒种类很多，口味也各不相同，人们可以根据个人偏好进行品饮。

Part 3 洋酒贮藏

贮藏位置

  洋酒的贮藏和陈化是一门很深的学问，虽然人们已经关注了几百年，但是仍未能全面了解。无论是葡萄酒还是白兰地、威士忌等各类蒸馏烈性酒，无论是桶装酒还是瓶装酒，一般都要在酒窖或者酒库中贮藏一段时间。

  理想的酒窖或者酒库应该保持一种温度恒定，湿度变化不大且通风良好的凉爽状态。温度变化过大，不仅容易使葡萄酒因热胀冷缩而渗出瓶塞加速氧化，还会因为温度突变使酒在陈化过程中产生其他物质，导致酒的风味变异甚至变质。湿度过高容易导致瓶塞和标贴霉变，而湿度过低又会因软木塞萎缩致使酒液挥发、滴漏。同时，酒窖内要保持干净整洁，不能存放易燃、易挥发的物质，以免破坏酒的品质。

Part 3 世界高端洋酒品鉴 洋酒贮藏

贮藏工具

对白兰地、威士忌、朗姆酒等蒸馏酒来说,若想要使其更好地陈化老熟,就要选择优质橡木桶作为贮藏工具。特别是法国白兰地,蒸馏后失去了原有的生命力,只有借助含有单宁等成分的橡木桶贮藏陈化才能焕发生机。可以说,橡木桶在洋酒贮藏中扮演着不可替代的角色,也因此备受酿酒业人士的重视。

在橡木桶中贮藏时,洋酒通常会发生一系列的变化:酒液可从橡木桶中吸取香气、色泽和醇味;随着氧气慢慢地渗入橡木桶中,酒的质地也开始趋向柔和;洋酒中的各种有机物质相互作用,促使酒液逐渐趋向成熟。

橡木桶虽然对酒的品质提高有利，但是并不适用于所有酒类。例如白葡萄酒，以及色彩丰富的利口酒，如果人们喜欢其清新、鲜爽、绚丽的风味，就没必要在桶中贮存了。对于伏特加、金酒以及樱桃白兰地等经过蒸馏后酒质基本定型的酒类来说，也可以省去桶贮的程序。

除了橡木桶，软木塞也是洋酒贮藏必不可少的工具。软木塞是用一种名为水松木的软木制成的，这种木材柔软而富有弹性，遇水会膨胀起来。这种木材被制成瓶塞后，用机器将其压入瓶口，当其恢复弹性膨胀起来时，会紧紧地封住瓶口，保证酒液不外漏。为了保证软木塞正常膨胀起来，酒瓶一般会采用卧放而不是直立的摆放方式，因为这样酒液更容易渗入软木塞使其膨胀。同时，软木塞的细孔可以保证瓶内的酒液继续呼吸和发酵，从而使贮藏的洋酒逐渐达到完美的境界。可以说，软木塞是目前保存葡萄酒最为理想的瓶塞材料。

贮藏时间

  每一种洋酒都有一定的贮藏时间，从一年到几十年不等，如老朗姆酒一般在桶中要贮藏 3 年以上，而白兰地贮藏至少 1 年。酒类不同，储藏的年限也不一样。洋酒在桶中结束贮藏后，就要装瓶上市了。对于白兰地、威士忌等烈性酒来说，它们一旦装瓶，就不存在继续贮藏的问题了，因为其酒质已经基本定型。但对于葡萄酒来说，它们装瓶后仍会继续趋向成熟，所以需要一定的贮藏时间。据专家统计，全世界大约有 3/4 的葡萄酒，在装瓶后 2 年到 3 年内喝掉为宜。而著名的法国波尔多红葡萄酒，则要在装瓶贮藏 10 年后才可享受。好的葡萄酒经过藏酿的发育，会取得更多元的风味，得到更加复合、精致、优雅的回报。

  静止葡萄酒和起泡葡萄酒一旦开启，最好一次性喝完或在短期内喝完。因为开启后的葡萄酒与空气接触后，其新鲜淡雅的风味会逐渐消失。加强葡萄酒和加香葡萄酒这类酒精度数较高的葡萄酒，因为有较强的适应性，开启后可分几次饮完，只要把塞子拧紧，就可保存较长时间。白兰地、威士忌、朗姆酒、伏特加、金酒这类烈性酒，同样可以分多次喝完。

洋酒换瓶

一般来说，贮藏时间比较长的葡萄酒会因为内含单宁等成分，沉淀一些粗糙且质地较重的大分子物质，即我们所说的沉淀物或杂质。这些杂质虽然对人体无害，但是会影响美观，而通过换瓶可以去除它们，也能让酒瓶焕然一新。为了增加酒与空气的接触，缩短醒酒时间，散除异味，年轻的洋酒也可以进行换瓶。

换瓶的步骤如下：

第一步：准备一支蜡烛，当然有其他光源设备也是可以的。然后准备一瓶替换的酒瓶，可以是一瓶美丽的水晶瓶，也可以是其他透明瓶子，只要自己喜欢就好。

第二步：打开陈年的葡萄酒瓶，打开时注意尽量避免转动瓶身，以免晃动激起瓶底的沉淀物。

第三步：用手将葡萄酒瓶轻轻拿起，置于光源的上方，当透过光线观察到沉淀物已经全部沉淀到瓶底时，即可慢慢地将酒液澄清部分倒入准备好的新葡萄酒瓶中。

第四步：最后剩余的沉淀杂质可以直接倒掉，如果想将剩下的酒过滤得更干净些，也可以借助细滤网或滤纸进行多次过滤。

Part 4 洋酒与健康

饮酒戒律

1. 儿童忌饮

儿童正处在身体发育阶段，身体和心理都不成熟，酒精的刺激会引发儿童心跳加快、恶心、呕吐等症状，因此儿童不宜饮酒。

2. 睡前忌饮

睡前最好不要饮酒。因为酒精会导致人的精神处于兴奋状态，容易造成睡眠障碍。对心脏、肺部有疾患的人来说，睡前饮酒还容易导致呼吸紊乱、窒息等问题。

3. 浴前忌饮

在洗浴前也最好不要饮酒。因为人在洗浴时，会大量消耗人体内储备的葡萄糖，伴随血液流动的加快，酒会给肝脏带来巨大的压力进而受到损害。

4. 服药忌饮

在服药后饮酒不仅会降低药物的治疗效果，酒精的刺激还可能导致病人病情恶化，甚至危及生命。

5. 早醒忌饮

人体经过一晚上的休眠，在清早醒来时，

Part 4 世界高端洋酒品鉴
洋酒与健康

身心还未完全恢复过来，处于待"启动"的准备阶段。此时，人体的酒精代谢能力还比较低，所以不宜早醒饮酒。

6. 飞行忌饮

在乘飞机前，不宜饮用含酒精饮料，包括葡萄酒等。因为环境的突然变化，饮酒容易导致人出现晕机症等一系列不良反应。

7. 杂酒忌饮

根据不同原料和方法酿造出来的酒如果混合不当，会产生一些不良化学反应，对人的脑神经系统造成损害，如饮葡萄酒时最好不要同时饮用白酒、黄酒等，因为它们会因为相互作用给人体神经、胃肠道等系统带来不利影响。

饮酒温度

　　西方人对饮酒的温度十分讲究。酒不同，饮酒的温度也不同，有的洋酒需要热饮，有的洋酒需要冷饮。饮酒的温度不恰当，一方面会影响到酒的品质，另一方面也不利于人的健康。香槟酒一般要冷藏后口感才更佳。葡萄酒可冷藏后饮用，也可以在常温下饮用，这主要是由葡萄酒的种类、色泽、气候条件以及个人爱好等诸多方面来决定的。通常饮用红葡萄酒时，温度要稍高一些，以追求丰满浓郁的酒香，同时对健康也有益。而对于白葡萄酒，只要稍加冷藏，就能更好地感受其清鲜畅快的酒质。饮用白兰地时最好用手握杯，以手的温度保证其口感、香味。

　　据科学家证实，夏季饮料温度最好控制在10℃，因为这种温度最能激发口腔唾液的分泌，进而起到解渴的作用。如果高于15℃，其解渴的作用会降低，如果低于5℃，不仅不能解渴，还会因为胃壁受到低温的刺激，致使血管收缩，甚至诱发痉挛，导致胃肠蠕动缓慢，胃液分泌减少，食欲低下。

Part 4 世界高端洋酒品鉴 洋酒与健康

饮酒功效

饮酒不只是一种高端的品位享受，适宜的饮酒对健康也是有益的。

科学家针对葡萄酒对人体健康的作用，曾做过这样一个实验：他们在红葡萄酒、白葡萄酒以及葡萄的原汁中，分别加入病毒培养液，然后进行对比。结果发现，单纯疱疹埃可病毒等常见的感冒病毒无论是在葡萄酒中，还是在葡萄原汁中都丧失了原有的活力，其中用葡萄皮制成的原汁在抑制病毒方面效果最好。研究发现，葡萄含有一种名叫"苯酚"的天然化合物，它能在病毒表面形成一层薄薄的屏障膜，阻碍病毒进入人体细胞，因此可以达到防治感冒的目的。而这种"苯酚"物质主要存在于葡萄皮中。由此可知，在感冒时，热饮含有葡萄皮的红葡萄酒，能有效缓解感冒症状，平时适量饮用红葡萄酒也可以预防感冒。

Part 5 洋酒礼仪

择酒礼仪

有人这样说过:"人知酒,酒知酒,酒知人。"意思是说,通过择酒和品酒,我们既可以了解制酒的人,也可以懂得饮酒的人。在品酒时,你自然会联想到能酿制出如此美好的酒的酿酒者,一定有着不寻常的细腻和飘逸的气度。而每一种美酒也定会有一个钟情于它、品位不俗的识酒之人。

无论是在廉价的路边大排档,还是极尽奢华的饭店和酒吧,什么样的场合适合选取什么样的洋酒都要做到胸有成竹,这样才不至于尴尬和失礼。在餐厅用餐时,葡萄酒是必不可少的选择。正如人们所说:"如果进餐时失去葡萄酒的搭配,就算再好吃的美味也会变得索然无味。就好比饭菜失去了恋人一样。"一般来说,红葡萄酒与红色肉食搭配较好,白葡萄酒和粉红葡萄酒与鸡、鸭、鱼搭配为好。而且,酒的数量和菜肴的丰盛程度最好相当。葡萄酒与美食搭配合理,能够使二者在味道和口感上相得益彰,进而给

Part 5 世界高端洋酒品鉴 洋酒礼仪

进餐者带来美妙的享受。

好的红葡萄酒应提前半小时打开,待其恢复到常温时再饮用,所以主人最好在餐前就点好想要品尝的酒,并向客人说明。当然,在点酒之前,主人也可以询问客人想喝什么酒。有些人点的酒可能并不是很恰当,但主人也不要过分在意,"主随客便"即可。

通常,在一些高档饭店里,我们可以通过服务员佩戴的酒窖钥匙来判定他是不是专业管酒人员。如果对酒单不熟悉,可以向专业管酒服务员进行咨询。

试酒礼仪

在宴会场所，主人应该先亲自品尝每一种酒，不过如果是客人选的酒，主人也可以先请客人品尝。服务员通常会先给主人查看一下酒瓶上的商标，看瓶盖是否完好，以确保其没有被开封过。酒瓶打开后，斟酒员会将木塞递给主人查看，主人要确认木塞完好，没有损坏、变形或者潮湿、变干的情况。

主人品尝酒的目的是测试酒的温度和状态。普通红葡萄酒的饮用温度基本等于常温。而贮藏时间很短的红葡萄酒，或者白葡萄酒和粉红葡萄酒，最好先冰镇一下再饮用。

如果感觉洋酒变了味，我们应拒绝接受。通常变质的酒会有一种灼

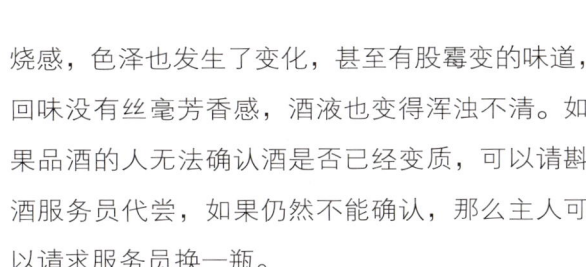

Part 5　世界高端洋酒品鉴
洋酒礼仪

烧感，色泽也发生了变化，甚至有股霉变的味道，回味没有丝毫芳香感，酒液也变得浑浊不清。如果品酒的人无法确认酒是否已经变质，可以请斟酒服务员代尝，如果仍然不能确认，那么主人可以请求服务员换一瓶。

世界高端洋酒品鉴

饮酒礼仪

如果独自一人去酒吧饮酒，在店内客人比较少的情况下，可以选择坐在吧台靠前的位置，这样不仅方便看调酒师的表演，还便于和调酒师闲聊几句。不过，在酒吧饮酒最好事先了解一下调酒师习惯用哪一只手调酒，然后选择坐相应的位置。因为这样看到的动作会更加真实到位，动作效果也更加出色。接下来可根据自己的喜好，选择短饮或是长饮，不过应避免过于张扬的饮酒方式，因为这样会显得有些俗气。

看着摆放得恰到好处的玻璃酒杯和色彩绚丽的各色美酒，仿佛感到它们也在默默地注视着你，静静地等待着你的光临。这时候，在懂酒人士的悉心讲解中享受一杯美酒，是多么惬意的一件事啊！

在正式的宴会场合中，非常忌讳自顾自地大口畅饮。虽然服务员表面上会不失礼仪地微笑招呼，但内心其实是不快的。如果再次遇到这样的客人，一定

Part 5　世界高端洋酒品鉴
洋酒礼仪

　　会安排他坐在一个位置较远、不太引人注意的座位上。因为大口畅饮让人感觉很失态，而且不符合正式场合中基本的品酒礼仪。

　　同时，饮酒时可以适当地谈论关于酒的话题，但要把握一个限度，切忌喋喋不休。而且，无论什么时候都不要不懂装懂。古老的谚语——"酒后吐真言"中的"真言"指的是真心话，不要在酒后吐露内心的真实想法，否则你会失去太多。如果对酒或酒的说法不确定，不要胡编乱造，去问专家是最明智的选择。